JMP 통계분석 총서 ④

JMP를 이용한
주성분분석/인자분석

최종후 · 전새봄 · 진서훈 지음

敎友社

책머리에

JMP는 1989년, SAS Institute Inc.에 의해 그 첫 판이 발표된 통계분석용 패키지 프로그램이다. JMP는 SAS 시스템의 한 부분이 아니며 SAS의 간략한 버전 또한 아닌 독립적인 제품이다. 어떤 면에서는 SAS/INSIGHT라 불리우는 SAS의 add-on 제품과 관련이 있지만 그와 또 다른 독특성을 지니고 있다. JMP는 탐색적 그래픽 인터페이스 화면과 함께 자료 분석을 수행한다. 따라서 JMP는 매우 배우기 쉬우면서도 유용한 분석결과를 제공한다.

2006년 현재 JMP는 6.0.3 버전에 이르고 있다. JMP 6.0.3 버전은 기존 버전과는 혁신적으로 다르게 매우 새롭고 막강한 기능으로 업그레이드 되었다. 기존의 버전에서는 맥킨토시용으로 제작된 것의 윈도우 버전으로의 변환으로 화면의 모습에서 맥킨토시 프로그램의 모양을 상당부분 지니고 있었으나, JMP 5.0 버전 이후부터는 완벽한 윈도우용 프로그램으로서의 면모를 보여주고 있다. 이러한 기능적인 혁신에 힘입은 것이겠지만 이제 JMP는 유럽의 통계소프트웨어의 시장점유율에서 선도적 지위를 누리고 있으며 日本에서도 그 이용자가 크게 증대해 있다.

이 책은 敎友社에서 기획하고 있는 'JMP 통계분석 총서' 중 주성분분석/인자분석편이다. 『JMP를 이용한 주성분분석/인자분석』은 제 1부 주성분분석과 제 2부 인자분석으로 구성되어 있다. 또한 각 부는 분석 방법에 대한 개요 및 개념, JMP를 이용한 데이터 분석, 이와 관련된 통계적 이론에 대한 몇 개의 장으로 이루어져 있다.

SAS Institute Inc.에서는 JMP에 대한 독립적인 홈페이지를 운영하고 있는데, 그 주소는 www.jmp.com이다.

이 책의 집필에 도움을 주신 문승호 교수님께 감사의 말씀을 전한다. 문승호 교수님의 다변량 통계해석 입문(1996)은 이 책을 집필하는 데에 많은 도움이 되었다. 또한 흔쾌히 이 책의 출판을 맡아주신 敎友社 오판근 사장님을 비롯한 임직원 여러분께 감사드린다. 참으로 그러하다. '敎學相長'의 '敎'요, '君子以文會友'의 '友'이니, 敎友社에서 책을 출간하는 의미가 또한 새롭다.

아무쪼록 본서가 통계적 방법론 중에서 그 활용도가 가장 빈번한 주성분분석/인자분석을 독자들이 익히는데 도움이 되었으면 한다.

2007년 丁亥年 劈頭

저자

차 례

제 1 부

주성분분석

1장 주성분분석의 개요

"주성분분석을 하면 무엇을 알 수 있을까?"

이것을 아는 것이 주성분분석을 이해하기 위한 첫 걸음이 된다.

주성분분석을 하면…

- 몇 종류의 데이터를 하나로 종합해 준다.
  예를 들면 국민총생산, 무역수지, …와 같은 몇 종류의 요인을 정리해서 "풍요"라는 하나의 "기준"을 만들어 준다.
- 하나로 종합된 "기준"으로 개체의 순위를 매길 수 있다.
  예를 들면 "풍요"가 ←종합적 특성

  $$z = 0.5709 \times \text{국민총생산} + 0.8210 \times \text{무역수지}$$

  로 주어진다면, 이 식의 값의 대소에 의해

  가장 풍요로운 국가 > 2번째로 풍요로운 국가 > …

  와 같이 순위가 정해진다.
- 몇 종류의 요인이 두 개로 종합되었을 때는 각각에 관해서 개체의 특성을 파악할 수가 있다.
  예를 들면 "풍요", "안정도"라는 2개로 종합되었다고 하자. 그러면 A國과 D國에는 "풍요"가 있지만, B國과 C國에는 "안정도"가 높다 라고 하듯이 특성을 파악하여 각국을 분류할 수가 있다.

2장 JMP를 이용한 데이터 분석

주성분분석을 이해하는 데 있어서의 지름길은 이론보다는 "우선 데이터를 분석해 보는 것"이 아닐까?

다음의 데이터는 G7 회원국인 미국, 영국, 프랑스, 독일, 이탈리아, 캐나다와 일본의 1991년도 국민 1인당 국민 총생산(GNP)과 국민 1인당 무역 수지에 관해 조사한 것이다.

≪표 1.1≫ 국가의 풍요함

	국민 1인당 국민 총생산(1000$)	국민 1인당 무역 수지(100$)
미 국	22.54	-2.93
영 국	17.61	-3.19
프랑스	20.96	-2.43
독 일	24.73	3.91
이탈리아	19.77	-0.16
캐나다	21.12	-2.22
일 본	27.20	8.31

*主要海外經濟指標(統計廳)

우리가 이 데이터로부터 알고 싶은 것은

1 미국은 정말 "풍요한 국가"일까?
2 영국과 프랑스는 어느 쪽의 경제가 안정되어 있는가?
⋮

따라서 데이터의 "종합적 특성을 추출해 주는 주성분분석"을 시행해 보자.

주성분분석에는 분산·공분산행렬에 의한 방법과 상관행렬에 의한 2가지 방법이 있다. 두 가지 경우에 있어서 주성분분석결과가 서로 상이한데 자료의 특성에 따라서 둘 중 하나를 택하여야 한다. 공분산과 상관계수의 차이점은 기본적으로 공분산은 측정단위에 영향을 받는데 상관계수는 데이터를 표준화(평균을 0, 분산을 1로)해서 주성분분석을 하는 것이기 때문에 측정단위에 영향을 받지 않는다는 장점이 있다.

따라서 주성분분석을 실시할 때 각 변수들의 측정단위를 존중하여야 한다면 표본공분산행렬을 이용하여 주성분분석을 실시하고, 측정단위의 차이를 없애야 한다면 표본상관계수행렬을 이용하여 분석을 실시하여야 한다.

2.1 상관행렬에 의한 주성분분석

우선, 데이터의 단위에 영향을 받지 않는 상관행렬을 이용하여 주성분분석을 실시해보도록 하자. 주성분분석은 Analysis 메뉴의 Multivariate Methods의 Multivariate에서 이루어지게 된다. 우선 분석에 사용될 자료에 대해 살펴보도록 하자. 다음은 JMP 양식으로 저장한 데이터(국가의 풍요함.jmp)이다.

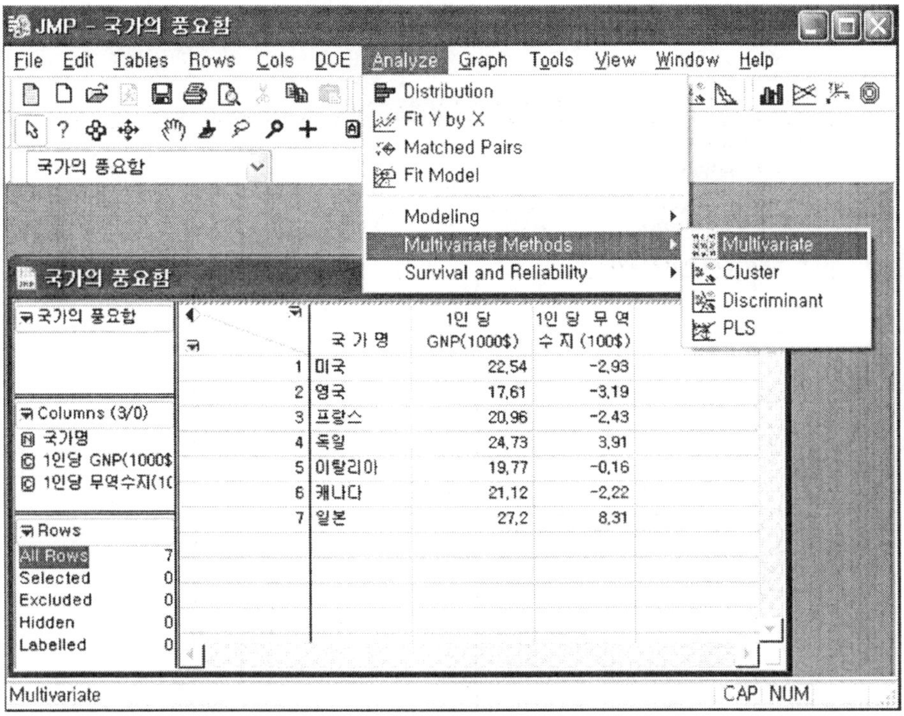

≪그림 1.1≫ 분석 자료 및 분석방법 선택

위의 그림에서 Multivariate를 클릭하면 다음과 같은 화면이 나오는데, 여기서 주성분분석에 사용할 변수를 지정한다. 변수는 Y,Columns라는 곳에 모두 다 지정하면 된다.

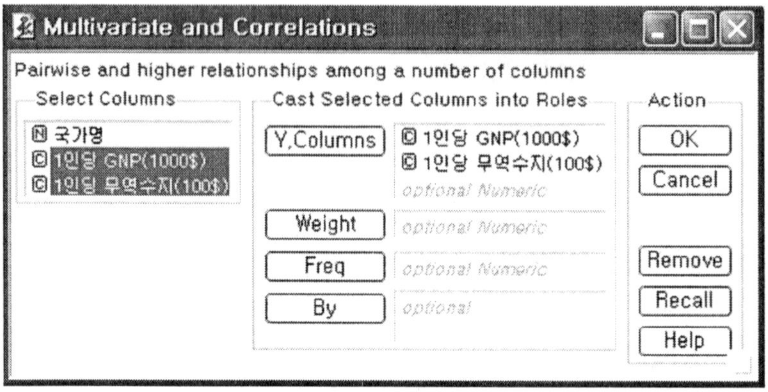

≪그림 1.2≫ 분석 변수 선택

그러면 아래와 같은 초기 Output 화면이 나오는데, Scatter Plot은 현 분석방법에서 관심사항이 아니므로 출력결과를 무시해도 좋다.

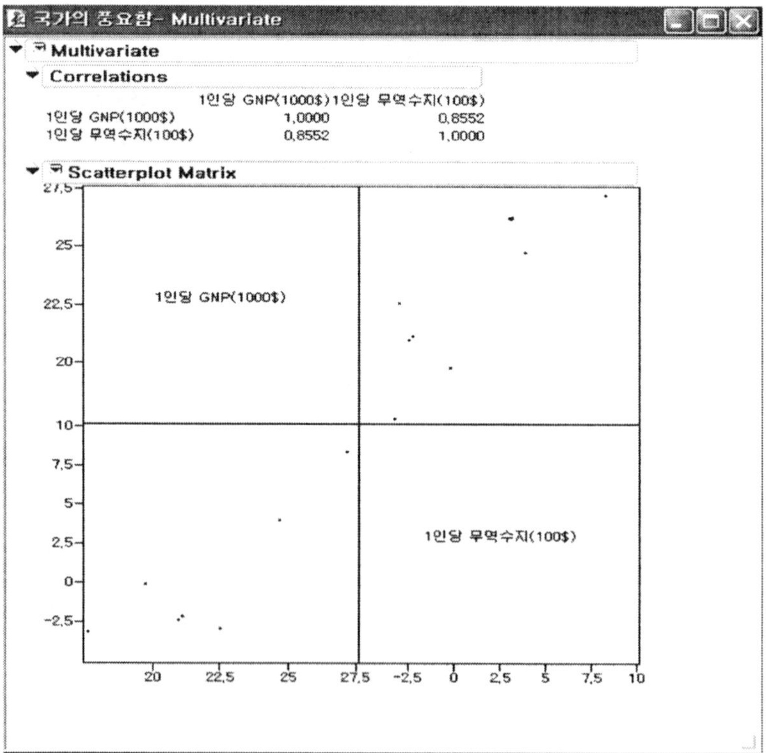

≪그림 1.3≫ Multivariate의 초기 Output 화면

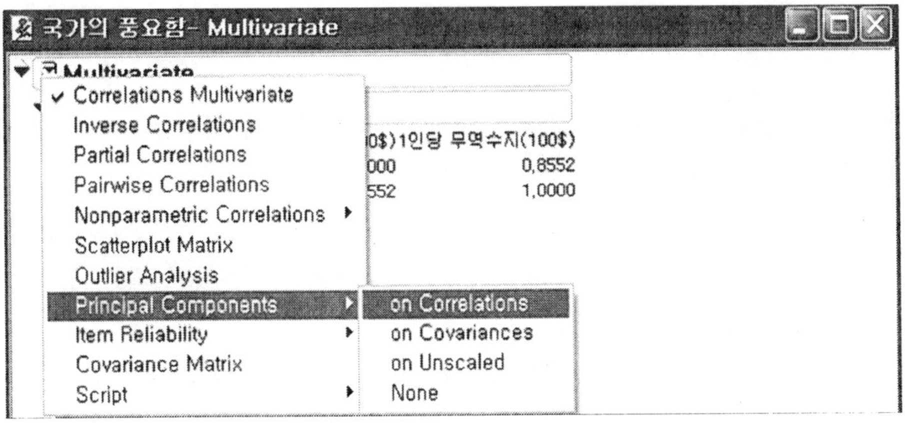

≪그림 1.4≫ 주성분분석 : 상관행렬 이용

상단에 있는 Multivariate의 부메뉴의 Principal Components로 들어가서 주성분분석을 실시한다. 이때, 주성분분석은 앞에서 언급한 것처럼 상관행렬에 의거한 방법과 공분산행렬에 의거한 방법이 있는데, 우선 상관행렬에 의거한 방법(on Correlations)으로 주성분분석을 해보도록 한다.

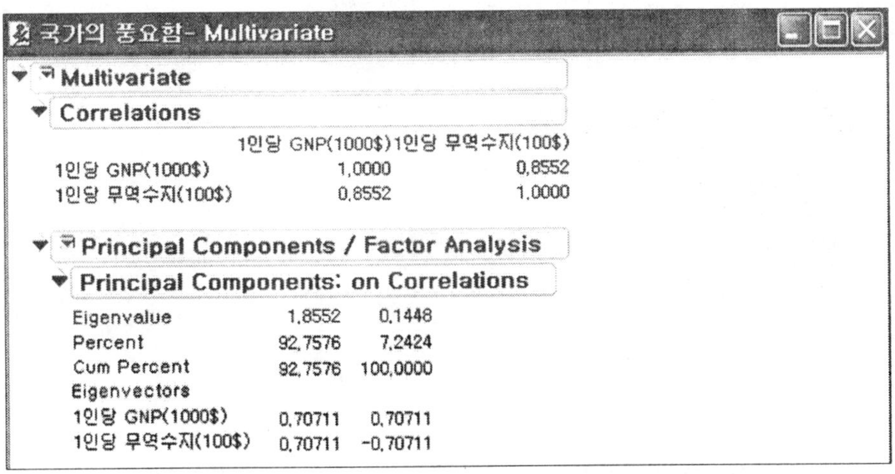

≪그림 1.5≫ 주성분분석 결과 : 상관행렬 이용

- 이 Eigenvalues, Eigenvectors는 분산 · 공분산행렬의 고유값, 고유벡터이다. 제1주성분의 고유벡터는 $\begin{bmatrix} 0.7071 \\ 0.7071 \end{bmatrix}$로 되어 있기 때문에, 제1주성분은

$$z_1^* = 0.7071\,x_1^* + 0.7071\,x_2^*$$

가 된다. 주안점은 이 제1주성분이 표현하고 있는 종합적 특성을 어떻게 해석할 것인가 하는 점이다. 여기가 주성분분석의 가장 중요한 곳이다.

- Percent란 기여율로서, 각 주성분이 데이터를 각각 어느 정도 반영하고 있는가를 나타낸 값이다. 예를 들면 제1주성분의 기여율은 92.7576이므로 제1주성분이 전체 데이터의 92.76%를 표현하고 있다.
- Cum Percent란 기여율을 차례로 합계한 값으로 누적 기여율이라고 한다.

Principal Components/Factor Analysis의 부메뉴인 Factor Rotation은 해석하기 쉽도록 주성분 축을 회전시키는 것으로, 직교회전인 Varimax가 디폴트다. 이때, 회전시키는 요인 수에 따라 해석의 용이성은 달라질 수 있다.

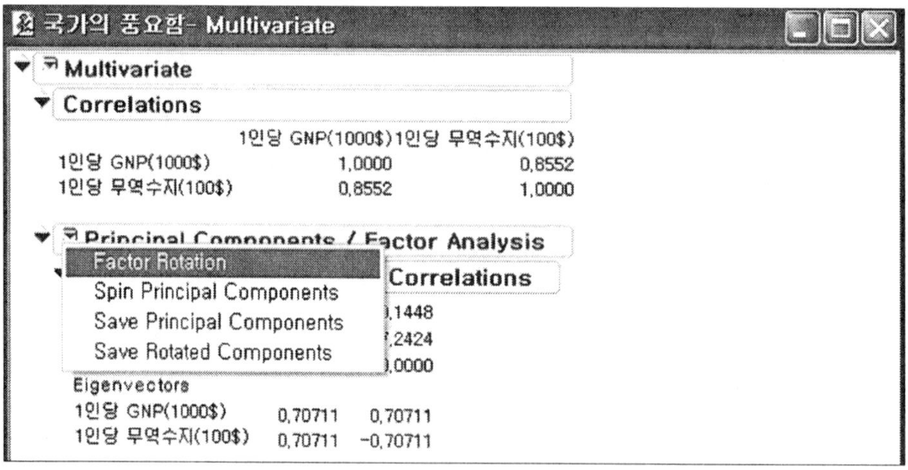

≪그림 1.6≫ 요인 회전

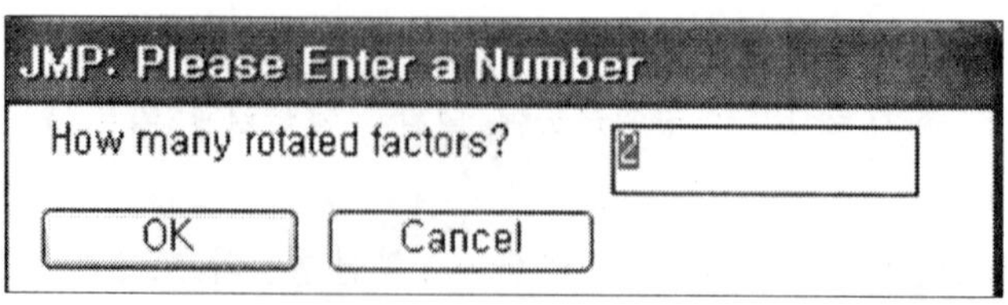

≪그림 1.7≫ 회전 요인수 지정

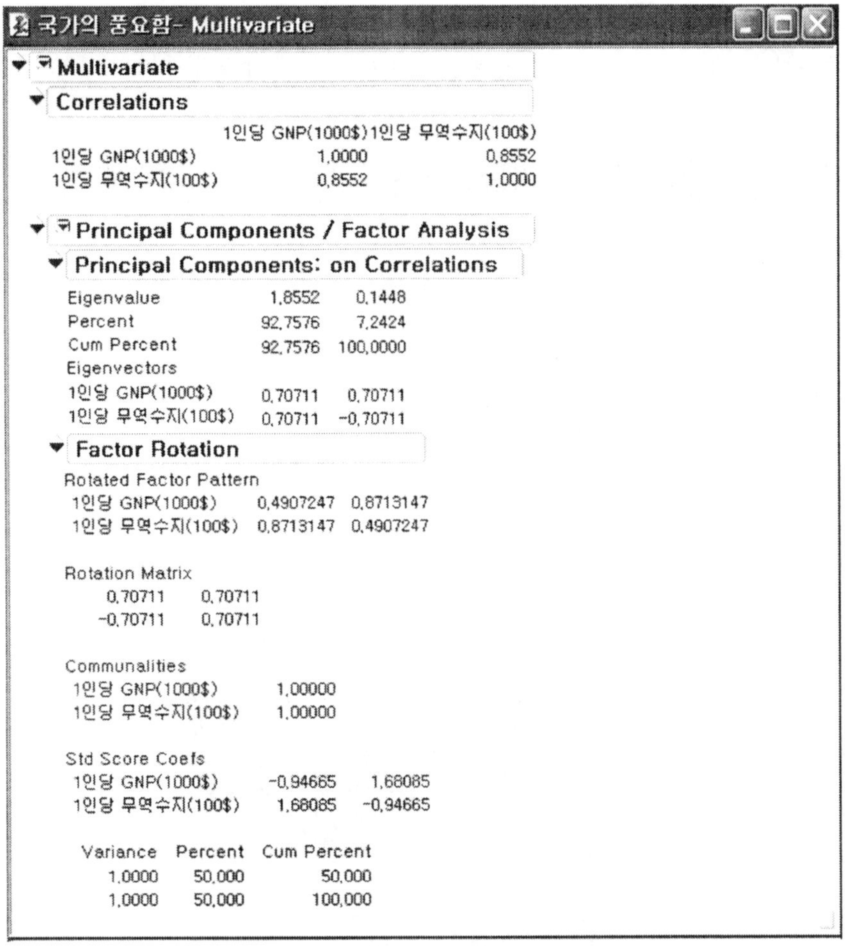

≪그림 1.8≫ 회전된 요인 결과 : 상관행렬 이용

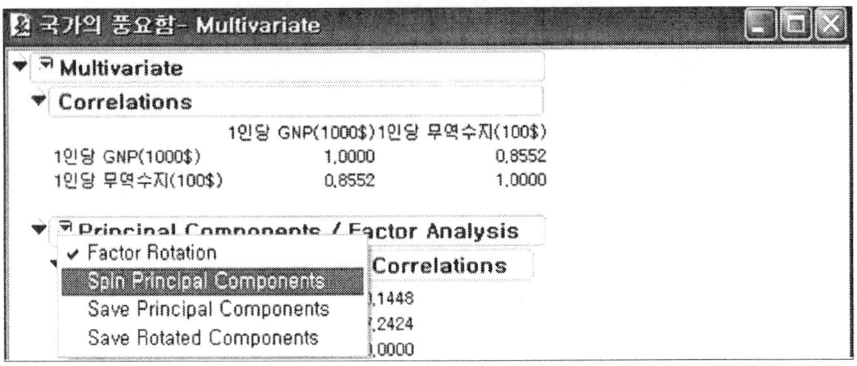

≪그림 1.9≫ 주성분의 3D plot

• Spin Prsincipal Components는 x, y변수에 의한 각 개체들의 플롯을 새로 생성된 주성분 축에 의해 회전시켜 표현한 3D plot을 나타낸다.

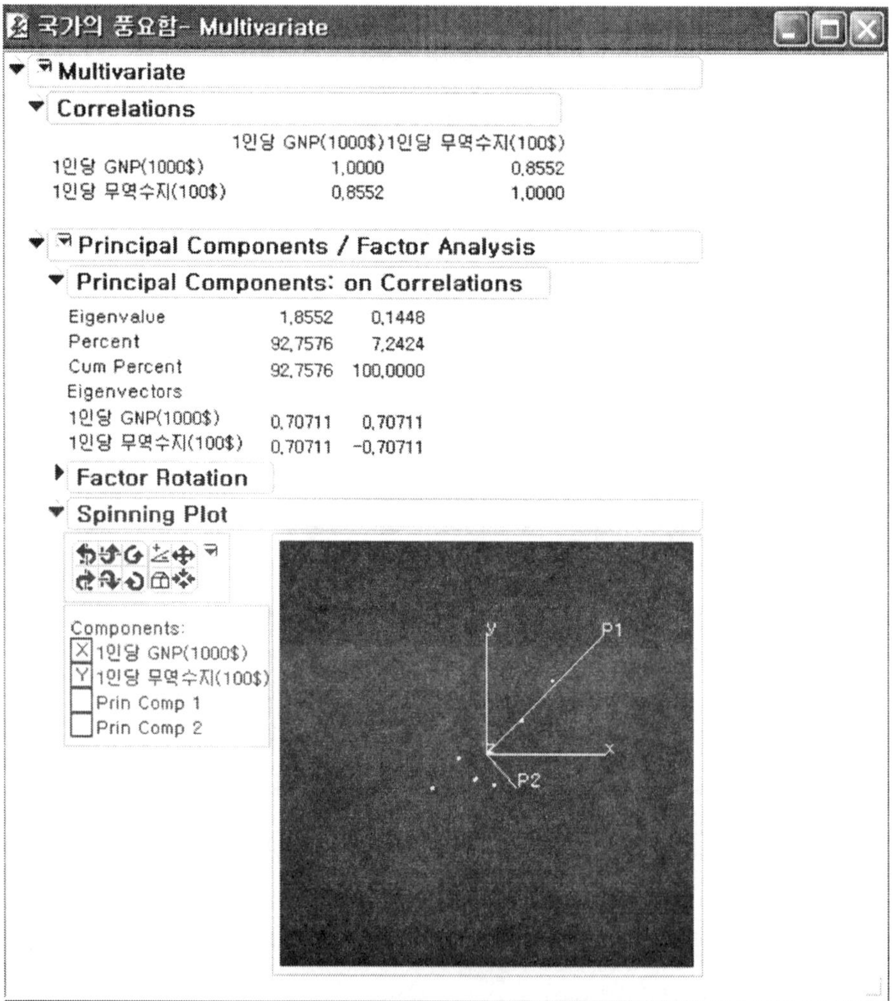

≪그림 1.10≫ Spinning Plot 결과

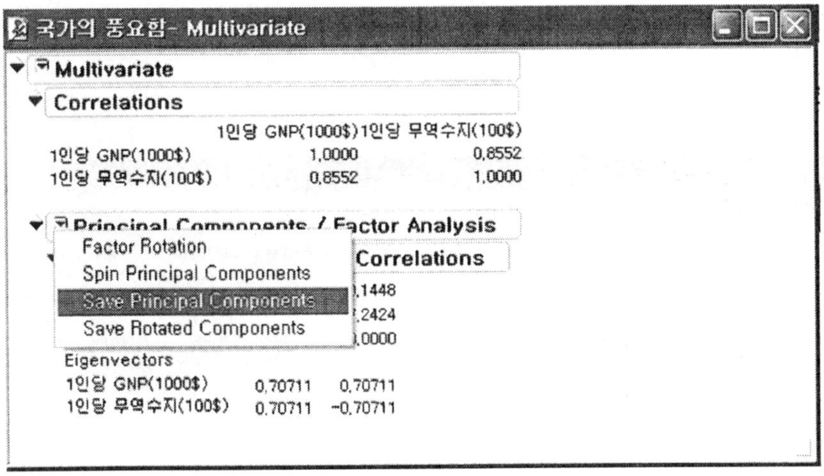

≪그림 1.11≫ 주성분 점수 저장

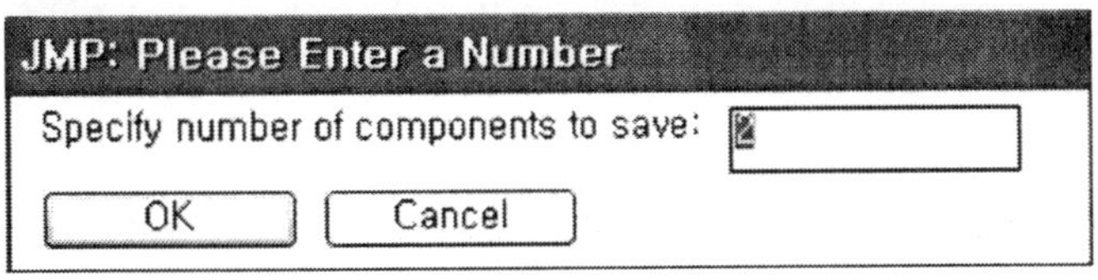

≪그림 1.12≫ 저장할 주성분수 지정

• Save Principal Components는 현재의 데이터 테이블에 지정한 개수만큼의 주성분 점수를 저장할 수 있다. 위의 경우 2개의 주성분 점수를 저장해보자.

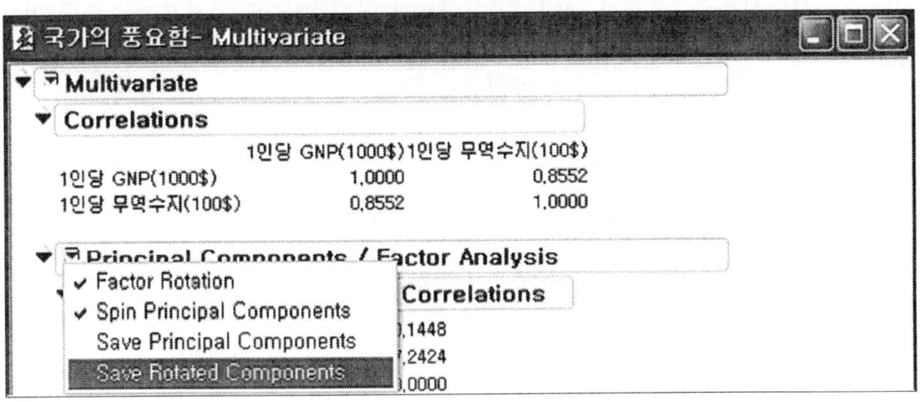

≪그림 1.13≫ 회전된 주성분 점수 저장

• **Save Rotated Components**는 현재의 데이터 테이블에 회전된 주성분 점수를 저장할 수 있다.

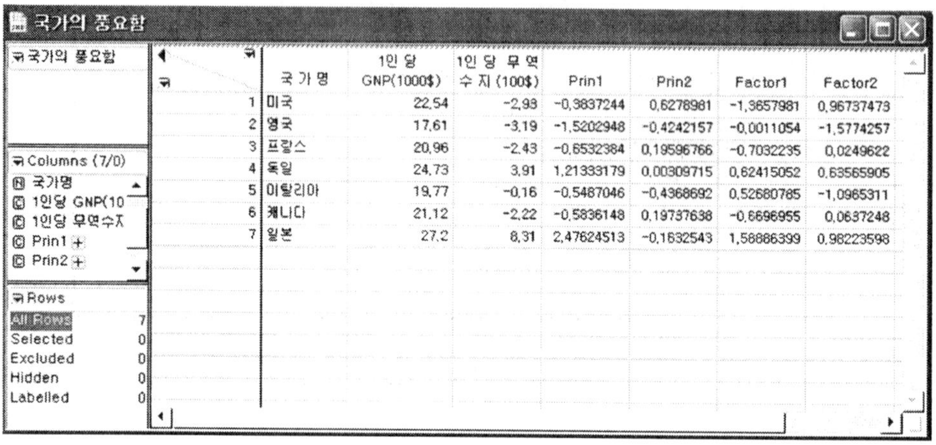

	국가명	1인당 GNP(1000$)	1인당 무역수지 (100$)	Prin1	Prin2	Factor1	Factor2
1	미국	22,54	-2,98	-0,3837244	0,6278981	-1,3657981	0,96737473
2	영국	17,61	-3,19	-1,5202948	-0,4242157	-0,0011054	-1,5774257
3	프랑스	20,96	-2,43	-0,6532384	0,19596766	-0,7032235	0,0249622
4	독일	24,73	3,91	1,21333179	0,00309715	0,62415052	0,63565905
5	이탈리아	19,77	-0,16	-0,5487046	-0,4368692	0,52680785	-1,0965311
6	캐나다	21,12	-2,22	-0,5836148	0,19737638	-0,6696955	0,0637248
7	일본	27,2	8,31	2,47624513	-0,1632543	1,58886399	0,98223598

≪그림 1.14≫ 저장된 주성분 점수와 회전된 주성분 점수

• 위 그림에서 Prin1과 Prin2는 ≪그림 1.11≫에서 저장한 주성분 점수이고, Factor1과 Factor2는 ≪그림 1.13≫의 회전된 주성분 점수이다. 제1주성분인 경우

$$z_1^* = 0.7071\,x_1^* + 0.7071\,x_2^*$$

에 표준화한 각 표본의 값을 대입하면 얻을 수 있다.

그런데 제1주성분은 "풍요한 국가"를 의미하고 있기 때문에 주성분점수를 살펴보면

일본 ＞ 독일 ＞ 미국 ＞ 이탈리아 ＞ 캐나다 ＞ 프랑스 ＞ 영국

순으로 되어 일본이 가장 풍요한 국가라는 것을 알 수 있다.

2.2 분산·공분산 행렬에 의한 주성분분석

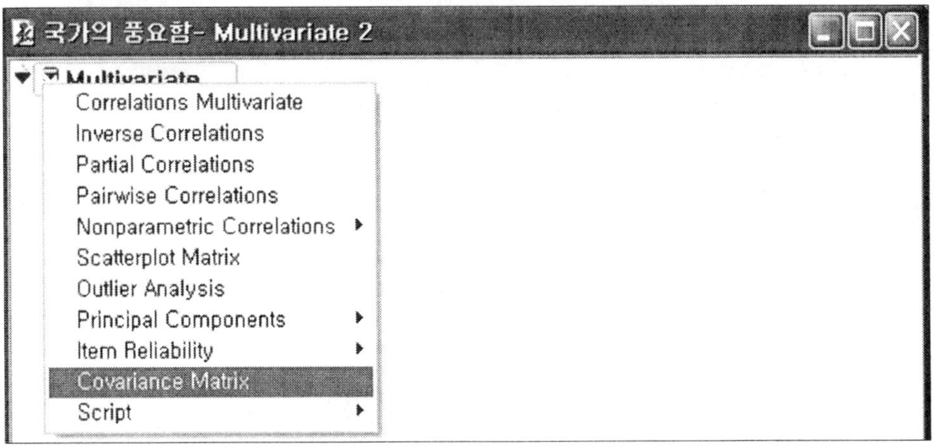

≪그림 1.15≫ 공분산 행렬 생성

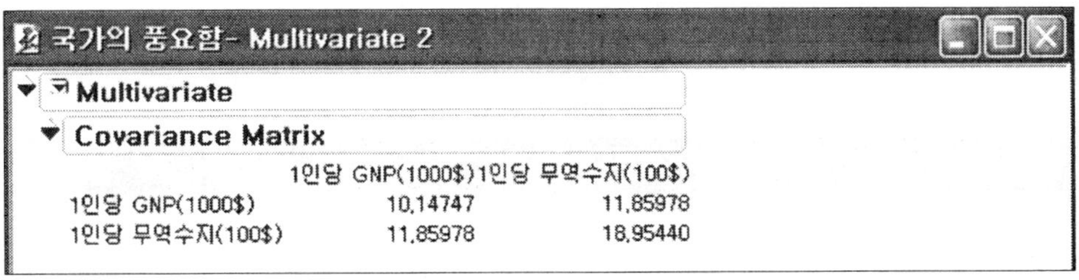

≪그림 1.16≫ 자료의 공분산행렬 결과

- Covariance Matrix란

분산과 공분산을 행렬의 형태로 나타낸 것으로서 대각 성분은 분산, 비대각 성분은 공분산의 값이다.

$$\text{분산·공분산행렬} = \begin{bmatrix} \text{분 산} & \text{공분산} \\ \text{공분산} & \text{분 산} \end{bmatrix}$$

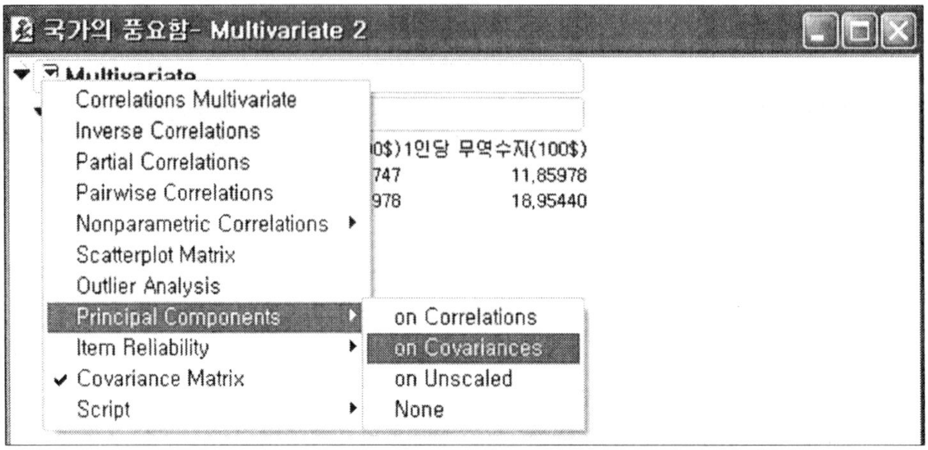

≪그림 1.17≫ 주성분분석 : 공분산행렬 이용

상단에 있는 Multivariate의 부메뉴의 Principal Components로 들어가서 주성분분석을 실시한다. 이때, 주성분분석은 공분산 행렬에 의거한 방법(on Covariances)으로 주성분분석을 해보도록 한다.

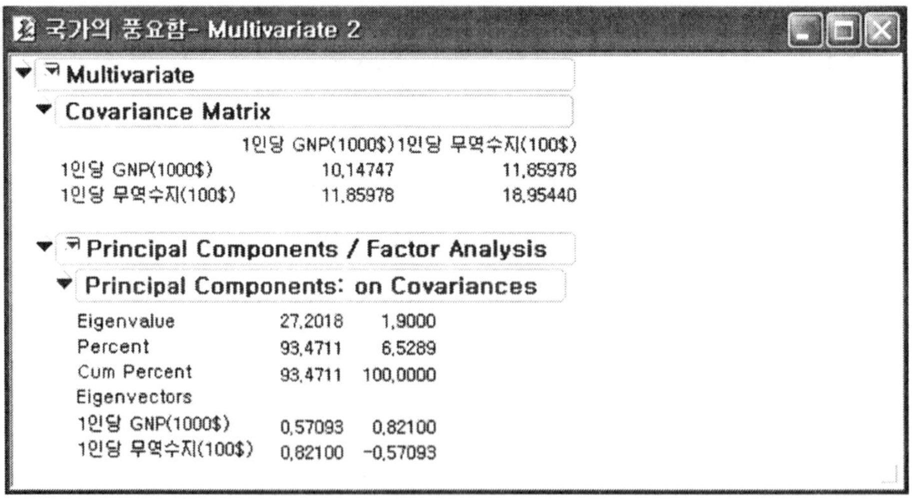

≪그림 1.18≫ 주성분분석 결과 : 공분산행렬 이용

- 이 Eigenvalues, Eigenvectors는 분산 · 공분산행렬의 고유값, 고유벡터이다. 고유값의 크기 순으로 제1주성분 z_1 =Prin1, 제2주성분 z_2 =Prin2라고 한다.

제1주성분의 고유벡터를 보면 $\begin{bmatrix} 0.5709 \\ 0.8210 \end{bmatrix}$으로 둘 다 양의 값으로 국민 총생산 x_1과 무역 수지 x_2가 많으면 많을수록 제1주성분 z_1은

$$z_1 = 0.5709\,x_1 + 0.8210\,x_2$$

의 값이 크게 된다. 따라서 제1주성분의 종합적 특성을 “풍요한 국가”로 해석해도 될 것이다.

- Percent란 기여율로서, 각 주성분이 데이터를 각각 어느 정도 반영하고 있는가를 나타낸 값이다. 예를 들면 제1주성분의 기여율은 93.4711이므로 제1주성분이 전체 데이터의 93.47%를 표현하고 있다.
- Cum Percent란 기여율을 차례로 합계한 값으로 누적 기여율이라고 한다.

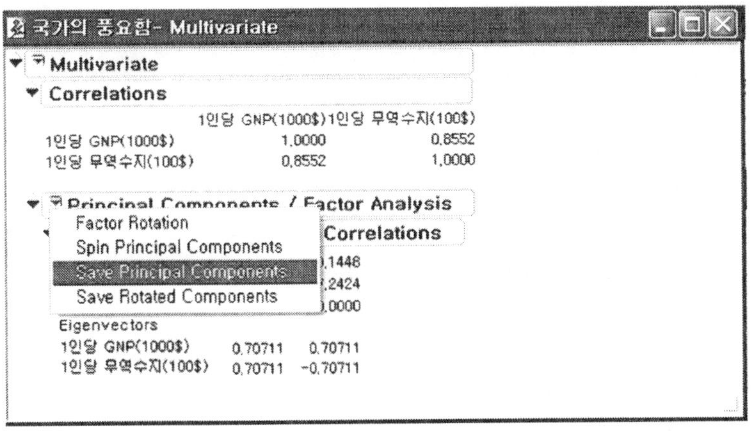

≪그림 1.19≫ 주성분 점수 저장

- <u>Save Principal Components</u>는 현재의 데이터 테이블에 지정한 개수만큼의 주성분 점수를 저장할 수 있다. 위의 경우 2개 주성분 점수를 저장해보자.

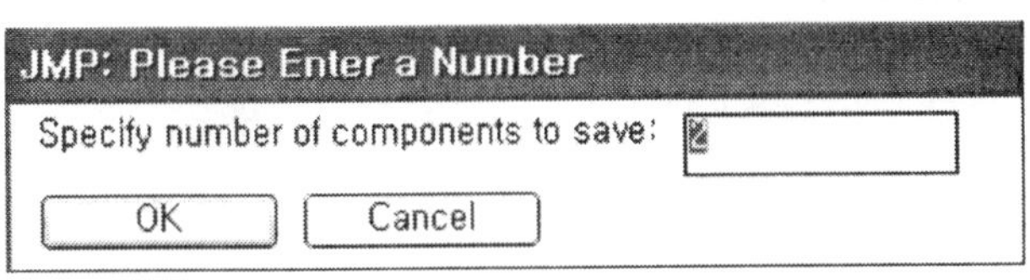

≪그림 1.20≫ 저장할 주성분 개수 지정

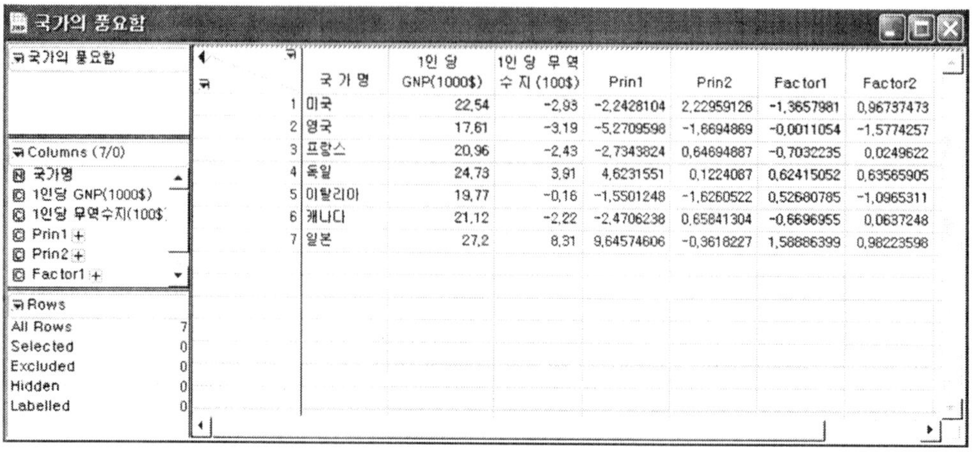

	국가명	1인당 GNP(1000$)	1인당 무역수지 (100$)	Prin1	Prin2	Factor1	Factor2
1	미국	22,54	-2,93	-2,2428104	2,22959126	-1,3657981	0,96737473
2	영국	17,61	-3,19	-5,2709598	-1,6694869	-0,0011054	-1,5774257
3	프랑스	20,96	-2,43	-2,7343824	0,64694887	-0,7032235	0,0249622
4	독일	24,73	3,91	4,6231551	0,1224087	0,62415052	0,63565905
5	이탈리아	19,77	-0,16	-1,5501248	-1,6260522	0,52680785	-1,0965311
6	캐나다	21,12	-2,22	-2,4706238	0,65841304	-0,6696955	0,0637248
7	일본	27,2	8,31	9,64574606	-0,3618227	1,58886399	0,98223598

《그림 1.21》 저장된 주성분 점수와 회전된 주성분 점수

- Prin1과 Prin2는 주성분 점수이다. 예를 들면 제1주성분인 경우

$$z_1 = 0.5709x_1 + 0.8210x_2 - 12.70$$

에 각각 표본의 값을 대입하여 구한다. 미국의 경우는

$$-2.2428 = 0.5709 \times 22.54 + 0.8210 \times (-2.93) - 12.70$$

가 된다.

이 값의 크기에 따라 각 주성분에서 순위를 매길 수가 있다. 각 나라의 순위는

일본 〉 독일 〉 이탈리아 〉 미국 〉 캐나다 〉 프랑스 〉 영국

순으로 된다.

분산·공분산행렬에 의한 방법과 상관행렬에 의한 방법에 따라 각 국가의 순위에 차이가 있는 것에 주목하자!

3장 주성분의 특성

주성분분석의 목적은 “몇 개의 요인을 종합화하는 것”에 있다. 그리고 이 종합화된 것은 어떤 특성을 가지고 있기 때문에 그것을 “종합적 특성”이라고 한다. 이 의미는 다음 그림을 보면 이해하기가 쉽다. ≪표 1.1≫의 자료를 통해 이를 살펴보자.

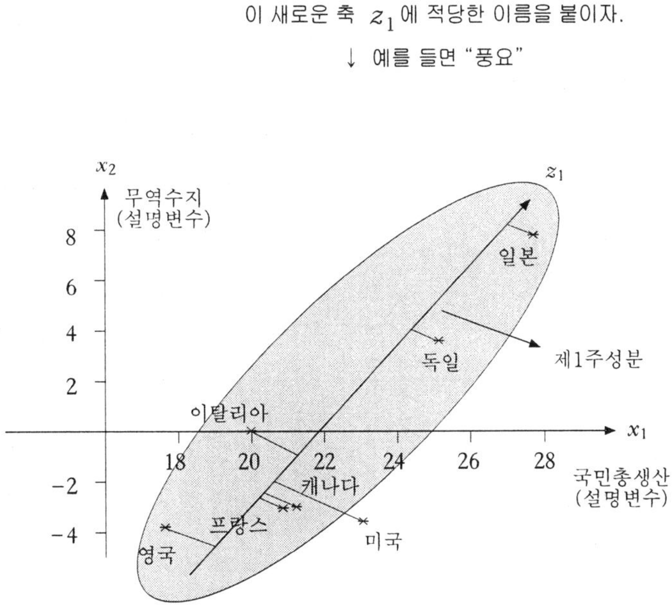

≪그림 1.22≫국민 총생산과 무역 수지의 산포도

【종합적 특성과 제1주성분】

이 그림은 국민 총생산 x_1을 가로축으로, 무역 수지 x_2를 세로축으로 한 산포도이다. 따라서 이 데이터는 2개의 좌표축으로 표현되어 있지만 잘 살펴보면 G7 7개국의 점은 오른쪽 위 방향으로 흩어져 분포하고 있음을 알 수 있다.

따라서 그림 1.22에 나타난 것처럼 “오른 쪽 위 방향의 1개의 축 z_1만으로 7개국의 데이터를 나타낼 수 없을까?”라고 생각한 것이다. 결국,

“2개의 축 x_1, x_2를 종합해서 새로운 축 z_1을 찾는다.”

$$☞ \ z_1 = a_1 x_1 + a_2 x_2$$

는 것이다. 이 새로운 축을 제1주성분(1st principal component)이라고 한다.

물론, 2개의 좌표축을 정리해서 하나의 좌표축으로 표현함에 따라, 원래의 정보는 조금 손실이 있을지도 모른다. 그러나 다음과 같이 설명변수가 많이 있다고 하면 어떻게 할 것인가?

x_1 = 인구 1인당 GDP[1]
x_2 = 민간 소비 지출에 대한 GDP비
x_3 = 총 고정 자본 형성에 대한 GDP비
x_4 = 농업부문의 GDP에 대한 점유율
x_5 = 광업부문의 GDP에 대한 점유율
x_6 = 제조업부문의 GDP에 대한 점유율
x_7 = 저축에 대한 GDP비
x_8 = 경상 수지에 대한 GDP비
x_9 = 무역 수지에 대한 GDP비
x_{10} = 수출에 대한 GDP비
x_{11} = 수입에 대한 GDP비
x_{12} = 수입에 대한 GDP비
x_{13} = 도매 물가 지수
x_{14} = 1차 상품 수출 비율
x_{15} = 농업 토지 생산성
x_{16} = 농업 노동 생산성
x_{17} = 국토 면적에 대한 경지 면적의 비율
x_{18} = 농업 의존 인구 1인당 경지 면적
x_{19} = 경지 면적당 비료량
x_{20} = 경지 면적당 트랙터 수
x_{21} = 농업 의존 인구 비율
x_{22} = 인구 밀도
x_{23} = 평균 인구 증가율
x_{24} = 평균 수명
x_{25} = 도시 인구 비율
x_{26} = 제1단계 교육 취학률
⋮

이렇게 설명변수가 많으면 정보를 파악하기 어렵고, 정리하기도 쉽지 않으므로, 주성분을 통해 원래의 데이터 정보가 다소 손실되더라도 불평을 하지는 않을 것이다.

주성분분석을 이용하면, 이들 설명변수를 종합해서 각 주성분의 특성에 따라 이름[2]을 붙인다.

---

1) GDP(Gross Domestic Product, 국내 총생산)
2) 고유벡터 또는 인자부하량(因子負荷量)을 참조하여 PCA(주성분)의 이름을 정함

제1주성분 ……사회・문화수준

제2주성분 ……자원・에너지

제3주성분 ……무역 의존도

제4주성분 ……농업 근대화의 지표

4장 주성분과 고유벡터

주성분분석이란

"새로운 좌표축을 찾아서, 그 좌표축의 특징을 해석한다."
↑주성분 ↑종합적 특성

는 것으로부터 시작한다. 이 때 새로운 좌표축은

"분산·공분산행렬의 고유벡터"혹은, "상관행렬의 고유벡터"

를 이용하여 구할 수가 있다.

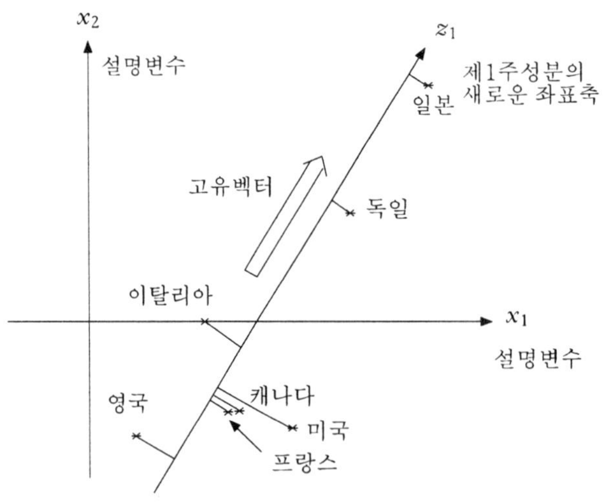

≪그림 1.23≫ 주성분과 고유벡터의 관계

고유벡터는 수학의 전문 용어이지만, 그와 같은 단어가 왜 고유벡터에서 사용되었을까? 그 이유를 알기 위해서는 반드시

"새로운 좌표 축 z_1을 찾는 방법"

을 이해해야만 한다. 앞 장에서도 설명한 것처럼 새로운 축이란

"2개의 설명변수 x_1, x_2의 종합화"

$$\Leftrightarrow \quad z_1 = a_1 x_1 + a_2 x_2$$

에 의해 얻을 수 있다. 그러나 원래 2개였던 좌표축을 하나로 종합화하는 것이기 때문에, 아무래도 데이터의 정보손실이 발생한다. 따라서 "가능한 한 정보의 손실을 적게" 하도록 2개의 설명변수 x_1, x_2를 종합화해야 한다.

이와 같은 분위기를 이해하기에는 역시 그래프로 살펴보는 것이 좋다.
아래 그림과 같이,

정보 손실량 = 각 점에서 z_1축 상에 내린 수선의 거리
새로운 정보량 = 각 점에서 내린 수선의 발과 z_1의 평균과의 거리

로 정의하자.

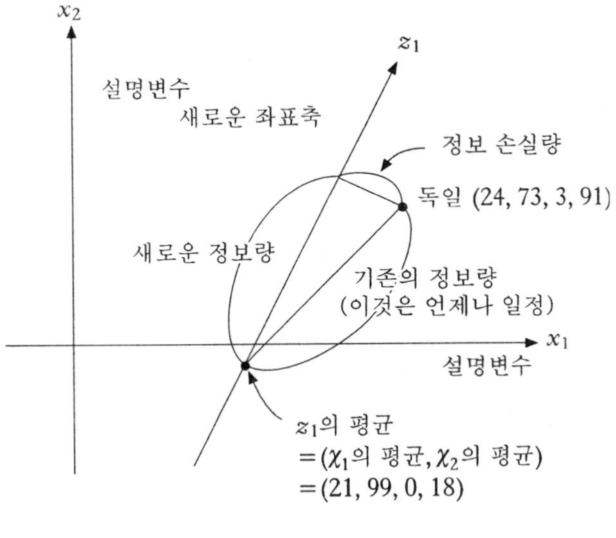

≪그림 1.24≫ 정보 손실량과 새로운 정보량

⬅ z_1의 평균 = z_1의 원점

⬅ 이 축 z_1이 $(\overline{x_1}, \overline{x_2})$를 통과한다는 점이 중요

결국 새로운 좌표축 z_1은 "각 점의 정보손실을 최소로"하도록 하면 된다.

그런데 그림 1.24를 살펴보면, 다음의 관계를 알 수 있다.

$$\underset{\text{일정}}{\underset{\uparrow}{(\text{원래의 정보량})^2}} = \underset{\text{크게 된다}}{\underset{\uparrow}{(\text{새로운 정보량})^2}} + \underset{\text{작게 하면}}{\underset{\uparrow}{(\text{정보 손실량})^2}}$$

원래의 정보량은 일정하기 때문에, 정보 손실량을 작게 하는 것은 새로운 정보량을 크게 하는 것이 된다. 더구나,

$$z_1\text{의 평균} = (x_1\text{의 평균},\ x_2\text{의 평균})$$

이므로 평균과의 차의 제곱합 즉, 분산을 생각하면

$$\frac{\text{새로운 정보량의 제곱합}}{7-1} = z_1\text{의 분산}$$

임을 알 수 있다. 그러므로 새로운 좌표 축 z_1을 찾는다는 것은 "z_1의 분산을 최대로 한다."는 것으로 바꾸어 말할 수 있다. ☜ Key Point!

여기까지 오면, 다음은 일사천리!!

새로운 좌표축의 방향 비율을 $a_1 : a_2$라 하자. 그러면 제1주성분 z_1은

$$z_1 = a_1 x_1 + a_2 x_2$$

로 표현할 수 있다. 이 때 z_1의 분산 $V(a_1, a_2)$는

$$V(a_1, a_2) = {a_1}^2 s_{11} + 2a_1 a_2 s_{12} + a^2 s_{22}$$

이다. 이 등호는 그대로 성립하는 것으로 하자.

단,

$$s_{11} = x_1\text{의 분산},\quad s_{22} = x_2\text{의 분산},\quad s_{12} = x_1\text{과 } x_2\text{의 공분산}$$

또한, 여기서

$$a_1{}^2 + a_2{}^2 = 1$$

이라는 조건을 첨가한다. 이렇게 하는 것은 $a_1 : a_2$는 방향 비율이므로 이대로는

$$a_1 : a_2 = 2a_1 : 2a_2 = 3a_1 : 3a_3 = \cdots$$

과 같이 얼마든지 같은 방향 비율이 존재하기 때문이다.

여기서 a_1, a_2를 구해보자. 이것을 구하는 방법은 조금 어렵다.

$$\begin{aligned} F(a_1,\ a_2) &= V(a_1,\ a_2) - \lambda(a_1{}^2 + a_2{}^2 - 1) \\ &= a_1{}^2 s_{11} + 2a_1 a_2 s_{12} + a_2{}^2 s_{22} - \lambda(a_1{}^2 + a_2{}^2 - 1) \end{aligned}$$

이것이 라그랑지의 미정 계수(Lagrange multipliers) λ로 두고, 이 $F(a_1, a_2)$를 a_1, a_2로 편미분해서

$$\begin{cases} \dfrac{\partial F}{\partial a_1}(a_1,\ a_2) = 2(s_{11}a_1 + s_{12}a_2 - \lambda a_1) = 0 \\ \dfrac{\partial F}{\partial a_2}(a_1,\ a_2) = 2(s_{12}a_1 + s_{22}a_2 - \lambda a_2) = 0 \end{cases}$$

을 만족하는 a_1, a_2를 구하면 된다.

이 연립1차 방정식

$$\begin{cases} (s_{11} - \lambda)a_1 + \qquad s_{12}a_2 = 0 \\ \qquad s_{12}a_1 + (s_{22} - \lambda)a_2 = 0 \end{cases}$$

을 행렬의 형태로 바꾸어 표현하면,

$$\begin{bmatrix} s_{11} - \lambda & s_{12} \\ s_{12} & s_{22} - \lambda \end{bmatrix} \begin{bmatrix} a_1 \\ a_2 \end{bmatrix} = \begin{bmatrix} 0 \\ 0 \end{bmatrix}$$

☜ $Ap = \lambda p$ 일 때
λ = 고유치
p = 고유벡터라고 한다

$$\Downarrow$$

$$\begin{bmatrix} s_{11} & s_{12} \\ s_{12} & s_{22} \end{bmatrix}\begin{bmatrix} a_1 \\ a_2 \end{bmatrix} - \lambda \begin{bmatrix} a_1 \\ a_2 \end{bmatrix} = \begin{bmatrix} 0 \\ 0 \end{bmatrix}$$

$$\Downarrow$$

$$\begin{bmatrix} s_{11} & s_{12} \\ s_{12} & s_{22} \end{bmatrix}\begin{bmatrix} a_1 \\ a_2 \end{bmatrix} = \lambda \begin{bmatrix} a_1 \\ a_2 \end{bmatrix}$$

가 된다.

그래서 이 등식이 성립할 때,

λ를 행렬 $\begin{bmatrix} s_{11} & s_{12} \\ s_{12} & s_{22} \end{bmatrix}$의 고유값 ← 분산 · 공분산행렬

$\begin{bmatrix} a_1 \\ a_2 \end{bmatrix}$를 고유값$\lambda$에 속하는 고유벡터

라고 하는 것이다.

실제로는, 주성분과 고유벡터 사이의 밀접한 관계라고 하기보다는

"주성분은 분산 · 공분산행렬의 고유벡터 그 자체"

인 것이다.

더구나 재미있는 것은

"주성분의 분산 = 분산 · 공분산행렬의 고유값"

가 성립하는 것이다.

【제1주성분을 구하기 위한 공식】 - 분산 · 공분산행렬에 의함[3)]

Step1. 제1주성분의 고유값 λ_1[4)]을 구한다.

---

3) 상관행렬의 경우는 7장에서 다루기로 함.

4) 제2주성분의 고유값 λ_2는 $\lambda_2 = \dfrac{(s_{11}+s_{22}) - \sqrt{(s_{11}-s_{22})^2 + 4{s_{12}}^2}}{2}$

이미 구한 분산·공분산행렬의 값을 이용해서

$$\lambda_1 = \frac{(s_{11}+s_{22})+\sqrt{(s_{11}-s_{22})^2+4{s_{12}}^2}}{2} \quad \leftarrow \text{분산·공분산행렬} \begin{bmatrix} s_{11} & s_{12} \\ s_{12} & s_{22} \end{bmatrix}$$

Step2. 제1주성분의 고유벡터 a_{11}, a_{12}[5)]를 구한다.

$$a_{11} = \frac{|\,s_{12}\,|}{\sqrt{(\lambda_1 - s_{11})^2 + {s_{12}}^2}} \qquad a_{12} = \frac{(\lambda_1 - s_{11})a_{11}}{s_{12}}$$

Step3. 제1주성분 z_1[6)]을 구한다.

$$z_1 = a_{11}x_1 + a_{12}x_2$$

5) 제2주성분의 고유벡터는 $a_{21} = \dfrac{|\,s_{12}\,|}{\sqrt{(\lambda_2 - s_{11})^2 + {s_{12}}^2}}$, $a_{22} = \dfrac{(\lambda_2 - s_{11})a_{21}}{s_{12}}$

6) 제2주성분 z_2는 $z_2 = a_{21}x_1 + a_{22}x_2$

5장 고유값과 고유벡터 개념

주성분분석에서는 'Eigenvalue, Eigenvector' 라는 용어가 등장한다. 익숙하지 않은 단어이므로 "즉시 이해하지 않고서는!!"이라고 생각할지도 모른다. 그렇지만 그럴 필요는 전혀 없다.

수학 책을 펴 보면 다음과 같이 정의가 되어있다.

> 정의) A를 K상의 선형 공간 V의 선형변환이라 한다.
> $a \in K$에 대해
>
> $$Ap = ap \quad (p \neq 0)$$
>
> 를 만족하는 $p \in V$가 존재할 때 a를 선형 변환 A의 고유값이라고 하고 p를 고유값 a에 속하는 고유벡터라고 한다.

선형변환은 행렬과 같은 것이므로

> 정의) A를 K상의 n차 정방행렬이라 한다.
> $a \in K'$에 대해
>
> $$Ap = ap \quad (p \neq 0)$$
>
> 를 만족하는 $p \in K^n$이 존재할 때 a를 행렬 A의 고유값이라 고 하고 p를 고유값 a에 속하는 고유벡터라고 한다.

그러나 이 정의의 의미를 안다고 하는 것과 주성분분석을 안다고 하는 것은 완전히 별개의 문제이다.

어떻게 하든 이해하고 싶은 사람이 있을지도 모른다. 고유벡터의 도형 이미지는 "행렬A로 변환해도 방향이 바뀌지 않는 벡터"이다.

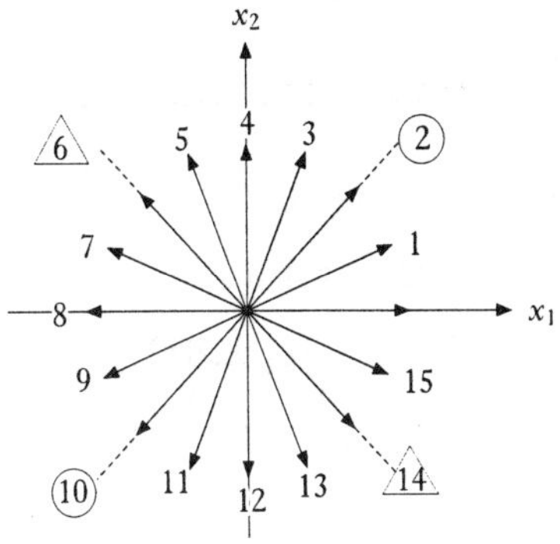

$$\begin{bmatrix} 1 & 2 \\ 2 & 1 \end{bmatrix} \begin{bmatrix} x_1 \\ x_2 \end{bmatrix} \Rightarrow$$

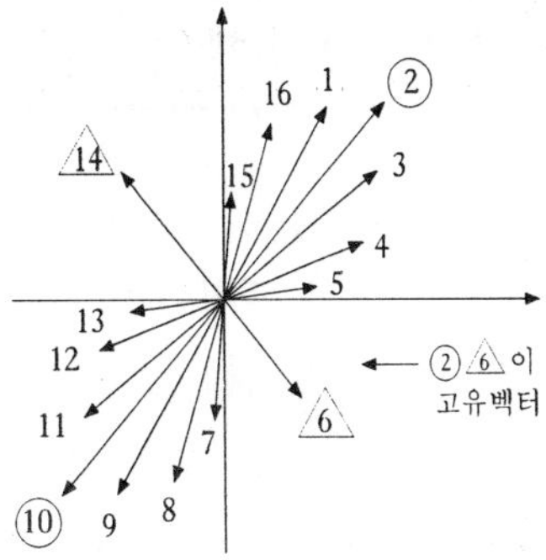

≪그림 1.25≫ 고유벡터의 이미지

≪그림 1.26≫ 변환된 고유벡터 이미지

이 고유값, 고유벡터는 여러 분야에서 나타난다.

· 경제에 있어서는 { 균형의 안정성 문제 / 산업 연관 분석 }

· 역학에 있어서는 { 진동계가 어떠한 고유 진동을 가지는가 / 양자 역학에 있어서 원자의 상태 / 스펙트르 문제 }

⋮

이것은 고유값, 고유벡터의 개념이 어떻게 기본적인가를 나타내고 있다.
그렇지만 주성분분석에서는 분명히 컴퓨터의 출력 결과에

Eigenvalue, Eigenvector

가 등장 하지만 그것은 단순히 고유값, 고유벡터라는 단어를 사용하고 있는 것뿐이며, 중요한 점은

"고유벡터의 수치를 어떻게 해석할까!!" ☞Key Point

라는 것이다.

6장 고유벡터 해석

주성분분석의 포인터는 "고유벡터를 어떻게 해석하느냐?"에 있다.

그렇다고 고유벡터 그 자체를 이해할 필요는 없다. 고유벡터는 어디까지나 제1주성분, 제2주성분, …을 구할 때에 계산 수단으로서 등장하는 것에 불과하다. 결국, "고유벡터로서 얻어진 수치를 해석할 수" 있으면 충분하다.

컴퓨터의 출력 결과를 살펴보자.

⋮

Eigenvectors

	Prin1	Prin2
국민총생산 → GNP	0.570931	0.820998
무역수지 → TRADE	0.820998	-.570931

⋮

이 출력 결과를 보면 제1주성분의 고유벡터는

$$\begin{bmatrix} 0.5709 \\ 0.8210 \end{bmatrix}$$

이므로 제1주성분 z_1은

$$z_1 = 0.5709\,x_1 + 0.8210\,x_2\ ,$$

제2주성분은

$$z_2 = 0.8210\,x_1 - 0.5709\,x_2$$

인 것을 알 수 있다.

따라서,

$$z_1 = 0.5709 \times 국민총생산 + 0.8210 \times 무역수지$$

가 의미하는 종합적 특성을 해석하면 된다.

위의 예는 설명변수가 2개뿐이므로 해석하기가 조금 어렵지만,

1. x_1 계수가 양이므로, 국민총생산이 많은 나라일수록 z_1값은 커진다.
2. x_2의 계수도 양이므로, 무역수지가 흑자인 나라는 z_1의 값이 크게 되고, 적자인 나라는 z_1의 값이 작아지게 된다.

와 같이 생각해 가면 z_1축의 방향은

"국민총생산(1인당)이 높고 무역수지(1인당)가 흑자가 되는 것"

이므로 이를 종합하여 정리하면, 제1주성분 z_1의 종합적 특성을

"국민 개개인의 풍요로움"

으로 해석하면 될 것이다.

이와 같이 기본적으로

"고유벡터의 절대치가 큰 설명변수에 주목" ☜Key Point!

하는 것이 주안점이다.

다음의 고유벡터를 살펴보자. 이 출력 결과는 만성 간질환의 간기능 검사 데이터를 분석한 것이다.

《표 1.2》 만성 간질환의 간기능 검사의 주성분분석

설명변수	정상치	제1주성분
총 빌리루빈	(0.8이하)	−0.2318
GOT	(6~30)	0.2982
GPT	(8~28)	0.3090
ZTT	(4~12)	−0.3378 [7]
TTT	(4이하)	−0.3587
알부민	(4.5이상)	0.3723 [8]
ChE	(0.7이상)	0.3736
총 콜레스테롤	(100~230)	0.3709
ICG	(10이하)	−0.3216

제1주성분의 종합적 특성은 무엇일까? 설명변수가 전문 용어이므로 종합적 특성을 해석할 수 없는 것으로 생각할지 모른다. 그러나 방법이 있다.

각 설명변수의 정상치의 범위를 이용하자. 즉, 간이 정상에 가까운 경우와 이상인 경우에 따라 z_1의 값이 어떻게 변화하는가를 보면 된다.

제1주성분의 고유벡터는 어느 것이나 0.3 전후이므로, 간질환(간장병)에 관한 전체적 증상을 나타내는 것으로 생각된다. 더욱이,

ZTT, TTT … 정상치가 ○○이하이며 계수가 '음'이므로 이상이 있을수록 z_1의 값이 작아진다.

알부민, ChE … 정상치가 △△이상이며 계수가 '양'이므로 정상에 가까울수록 z_1의 값이 커진다.

란 점으로부터 제1주성분 z_1은

"간 질환의 중증도" ☞중증일수록 z_1의 값이 작다

라고 생각할 수 있겠다.

7) 정상치가 ○○이하인데, 이 값이 '음'인 것에 주목
8) 정상치가 △△이상인데, 이 값이 '양'인 것에 주목

다음의 예는 개발도상국의 경제 사회 발전에 관한 주성분분석[9]이다.

≪표 1.3≫ 개발도상국 경제사회 발전의 주성분분석

	제1 주성분	제2 주성분	제3 주성분	제4 주성분	제5 주성분
인구 1인당 GDP	0.1538	0.6426	0.1275	0.5624	0.1543
민간 소비 지출에 대한 GDP비	−0.0886	−0.8434	−0.1840	−0.0178	0.0453
총 고정 자본 형성에 대한 GDP비	0.3247	0.2921	0.2704	−0.2533	−0.0823
농업 부문의 GDP에 대한 비율	−0.5769	−0.4313	−0.1414	−0.1174	−0.0640
광업 부문의 GDP에 대한 비율	−0.0506	0.8386	−0.0370	0.3274	−0.0465
제조업 부문의 GDP에 대한 비율	0.5421	−0.2766	0.2086	−0.2302	0.0124
저축에 대한 GDP비	0.1932	0.6929	0.1553	0.4134	−0.0067
경상 수지에 대한 GDP비	0.1182	0.5150	−0.0853	0.5224	0.0137
무역 수지에 대한 GDP비	−0.1156	0.7954	−0.2883	0.2017	0.0486
수출에 대한 GDP비	−0.0054	0.3688	0.6804	0.0929	−0.0837
수입에 대한 GDP비	0.0532	−0.1517	0.8371	0.0194	−0.1173
1차 산물 수출 비율	−0.2646	0.2974	−0.1852	−0.0774	0.0505
도매 물가 지수	0.0891	−0.0064	−0.0427	−0.0264	0.9580
소비자 물가 지수	0.0767	−0.0112	−0.0413	−0.0205	0.9605
농업 토지 생산성	0.4019	0.0202	0.4049	0.4340	0.5655
농업 노동 생산성	0.0488	0.1564	0.3266	0.8614	−0.0286
국토 면적에 대한 경지 면적의 비율	−0.1083	−0.2258	0.0100	−0.0144	−0.0126
농업 의존 인구 1인당 경지 면적	0.2804	−0.0289	−0.1262	−0.0673	0.8567

9) 고유벡터가 아닌 인자부하량임

≪표 1.4≫ 개발도상국 경제사회 발전의 주성분분석(계속)

	제1 주성분	제2 주성분	제3 주성분	제4 주성분	제5 주성분
관개 면적에 대한 곡물 생산 비율	0.0307	0.3177	0.0316	0.7821	−0.0496
경지 면적당 비료량	0.2517	0.0524	0.7241	0.4936	−0.1006
경지 면적당 트랙터 수	0.4512	0.0605	0.0173	0.7134	−0.0273
농업 의존 인구 비율	−0.7374	−0.0064	−0.2189	−0.3218	−0.2173
에너지 예상 수입량에 대한 에너지 생산량 비율	0.1228	−0.8711	0.0606	−0.1835	0.0040
에너지 예상 수출량에 대한 총 수출액 비	0.0184	0.7430	0.0153	−0.0015	0.0443
인구 1000명당 전력 소비량	0.3246	0.2907	0.2279	0.7650	0.0885
인구 밀도	0.0547	−0.0853	0.9495	0.0565	0.0118
평균 인구 증가율	−0.1994	0.2697	−0.1093	0.2334	0.0429
인구 1000명당 출생률	−0.6642	0.0840	−0.3037	0.0670	−0.2415
인구 1000명당 사망률	−0.8381	0.0792	−0.1424	−0.2256	0.0279
평균 수명	0.8607	−0.0349	0.1870	0.2074	0.0762
도시 인구 비율	0.6718	0.1726	0.2494	0.2593	0.2590
지식인 비	0.8454	−0.0551	0.0821	0.0199	0.0969
제1단계 교육 취학률	0.8343	0.0203	0.0227	−0.0280	0.0777
제2단계 교육 취학률	0.7880	0.0036	0.1676	0.2345	0.0920
제3단계 교육 취학률	0.6868	−0.0212	−0.1147	0.0505	0.1395
인구 1000명당 제1단계 교육 교사 수	0.6432	0.2363	−0.0811	0.1179	0.1482
인구 1000명당 라디오 수	0.5050	0.0743	0.0063	0.0844	0.4554
인구 1000명당 텔레비젼수	0.3528	0.1833	0.1923	0.2846	0.2093
인구 100명당 전화기 수	0.4735	0.0473	0.6758	0.3422	0.1925
인구 100명당 승용차 수	0.3796	0.2369	0.0990	0.5413	0.5605
국토 면적당 도로 연장 킬로미터	0.1662	−0.0353	0.8667	0.0436	−0.0253
군사비 지출액에 대한 GDP비율	−0.1675	0.3670	0.0460	0.0148	0.0718
인구 1000명당 군인수	0.2787	0.0384	0.3034	0.0287	0.0199
인구 1000명당 철강 소비량	0.2036	0.3071	0.5659	0.2835	0.0805

위의 ≪표 1.3≫~≪표 1.4≫에서, 각 주성분의 종합적 지표는 무엇일까?

당신이라면 어떻게 해석하겠는가?

읽는 방법은 우선, 각 값의 절대치가 큰 항목(변수)부터 주목해 가면 된다. 그렇다면, 제1주성분부터 제5주성분까지 살펴보자.

당신의 견해(해석)는 어떠한가? 확인하는 의미에서, 아시아경제연구소의 전문가의 해석 결과를 옮겨보면…

제1주성분에서는 관련성이 높은 변수 중에서, 평균수명, 비문맹자 인구비, 취학률, 교사율, 제조업의 GDP비율은 큰 양의 값을, 농업인구비율, 출생률, 사망률, 농업의 GDP비율이 큰 음의 값을 취하고 있다. 또한, 라디오·TV·전화 같은 변수도 작지만 양의 값을 나타내고 있으므로, 이들을 종합한 지표로서, 제1주성분은 사회·문화수준이라고 이름을 달자.

제2주성분에 있어서도, 1인당 GDP, 광업의 GDP비율, 저축의 GDP비율, 무역수지의 GDP비율, 에너지 수출비율 등이 큰 양의 값을 취하고 있는 반면, 민간소비지출의 GDP비, 에너지 수입비율 등이 큰 음의 값을 취하고 있으므로, 이들을 대표하는 지표로서, 제2주성분은 자원·에너지라고 이름 지을 수 있겠다.

제3주성분에서는, 수출의 GDP비율, 수입의 GDP비율, 인구밀도, 인구당 전화기 대수, 국토면적당 도로연장거리, 철강 소비량 모두가 큰 양의 값을 취하고 있으므로, 이를 대표한 지표로서 무역 의존도라 부를 수 있겠다.

제4주성분은, 1인당 GDP, 경상수지의 GDP비율, 농업의 토지생산성, 곡물생산당 관개면적, 비료소비량, 경지면적당 트랙터 수, 전력소비량, 인구당 상용차대수 등의 변수가 양의 큰 값을 취하고 있으므로, 이를 종합하여 농업근대화의 지표로 해석할 수 있다.

제5주성분에 있어서 관련성이 높은 변수는, 도매가격, 소매가격, 농업인구당 농경생산량 등으로, 이들의 종합적 지표는 인플레이션으로 생각할 수 있다.

7장 상관행렬에 의한 데이터 표준화

여기서, 다시 한 번 처음의 데이터를 살펴보자.

≪표 1.5≫ 표 1.1의 데이터

	국민 총 생산 (1인당)x_1(천$)	무역 수지 (1인당)x_2(백$)
미	22.54	−2.93
영	17.61	−3.19
프	20.96	−2.43
독	24.73	3.91
이	19.77	−0.16
캐	21.12	−2.22
일	27.20	8.31

분산·공분산행렬에 의한 방법

	Prin1
GNP	0.5709
TRADE	0.8210

↑ 고유벡터

← x_2의 계수가 크기 때문에 대외적인 "나라의 풍요함"

이번에는 데이터의 단위를 바꾸어서, 컴퓨터에 입력해 보면 …

≪표 1.6≫ 변환된 데이터

	국민 총 생산 (1인당)x_1(백$)	무역 수지 (1인당)x_2(백$)
미	225.4	−2.93
영	176.1	−3.19
프	209.6	−2.43
독	247.3	3.91
이	197.7	−0.16
캐	211.2	−2.22
일	272.0	8.31

분산·공분산행렬에 의한 방법

	Prin1
GNP	0.9932
TRADE	0.1167

↑ 고유벡터

← x_1의 계수가 크기 때문에 국내적인 "나라의 풍요함"

이 두 종류의 출력 결과를 비교해 보자.

우선 고유벡터를 살펴보면, 처음 데이터의 제1주성분

$$z_1 = 0.5709\,x_1 + 0.8210\,x_2$$

에 비해 변환된 데이터의 제1주성분은

$$z_1 = 0.9932\,x_1 + 0.1167\,x_2$$

가 되고, 설명변수 x_1, x_2의 크기가 역전되어 있다. 이에 따르면, 제1주성분의 종합적 특성의 해석이 완전하게 달라진다. 그런데 데이터는 단위만 바꾼 것으로, 본질적으로 조금도 다른 것이 아니다.

단위의 영향을 받지 않고 주성분분석을 할 수가 없을까? 이를 위해서는

"데이터의 표준화"

란 좋은 방법이 있다. 즉,

$$x \longrightarrow x^* = \frac{x - x\text{의 평균}}{\sqrt{x\text{의 분산}}}$$

과 같이 변환하는 것이다. 어떠한 데이터라도 이 방법에 의해 평균을 0, 분산을 1로 변환할 수가 있다.

표준화된 데이터의 분산·공분산행렬을 이용해서 주성분분석을 해 보자.

≪표 1.7≫ 표준화된 데이터

	x_1^*	x_2^*
미	0.172	−0.715
영	−1.373	−0.775
프	−0.323	−0.600
독	0.859	0.857
이	−0.696	−0.078
캐	−0.273	−0.552
일	1.633	1.869

☞

분산·공분산행렬에 의한 방법

	Prin1	
GNP	0.7071	
TRADE	0.7071	← 균형이 잡힌 "풍요한 나라"
	↑ 고유벡터	

그렇지만 데이터를 일일이 표준화해서 컴퓨터에 입력하는 것은 꽤 귀찮다.

그런데 데이터를 표준화하면,

$$\begin{bmatrix} \text{분 산} & \text{공분산} \\ \text{공분산} & \text{분 산} \end{bmatrix} \Rightarrow \begin{bmatrix} 1 & \text{상관계수} \\ \text{상관계수} & 1 \end{bmatrix} \leftarrow r = \frac{s_{12}}{\sqrt{s_{11}}\sqrt{s_{22}}}$$

과 같이 변환되므로 "분산 · 공분산행렬 대신에 상관행렬을"사용하면 어떨까?

≪표 1.8≫ 표 1.1의 데이터

	국민총생산 x_1(천$)	무역수지 x_2(백$)
미	22.54	−2.93
영	17.61	−3.19
프	20.96	−2.43
독	24.73	3.91
이	19.77	−0.16
캐	21.12	−2.22
	27.20	8.31

☞

상관행렬에 의한 방법

	Prin1
GNP	0.7071
TRADE	0.7071

← 표준화 된 데이터와 같은 고유벡터!!

이와 같이, 상관행렬을 이용한 주성분분석의 결과는 표준화한 데이터를 이용한 분석의 결과와 일치하는 것을 알 수 있다. 따라서 단위의 영향이 신경 쓰이는 데이터는 "상관행렬을 이용한 주성분분석"을 선택하도록 하자.

- 단위가 다른 변수들로 구성된 데이터일 경우에는 상관행렬을 사용하자!
- 자주 사용되는 SAS, SPSS나 MINITAB 등에서는 상관행렬이 Default이다. 공분산행렬을 사용할 경우에는 옵션에서 지정해주면 된다.

【제1주성분을 구하기 위한 공식】 – 상관행렬에 의함

Step1. 제1주성분의 고유값 λ_1을 구한다.
이미 구한 상관행렬의 값을 이용해서

$$\lambda_1 = 1 + |r_{12}|$$
$$\lambda_1 = 1 - |r_{12}|$$

← 상관행렬 $\begin{bmatrix} 1 & r_{12} \\ & 1 \end{bmatrix}$

Step2. 제1주성분의 고유벡터 a_{11}, a_{12} 10)를 구한다.

---

10) $a_{21} = 0.7071,\ a_{22} = -\dfrac{|r_{12}|}{r_{12}} \times 0.7071$

$$a_{11} = \frac{|r_{12}|}{\sqrt{(\lambda_1 - 1)^2 + {r_{12}}^2}} \qquad a_{12} = \frac{(\lambda_1 - 1)\, a_{11}}{r_{12}}$$

$$= \frac{1}{\sqrt{2}} \qquad = \frac{|r_{12}|}{r_{12}} \times 0.7071$$

$$= 0.7071$$

Step3. 제1주성분 z_1[11)]을 구한다.

$$z_1 = a_{11}\, x_1 + a_{12}\, x_2$$

11) 제2주성분 z_2는 $z_2 = a_{21} x_1 + a_{22} x_2$

8장 주성분점수 – 순위 매김을 위해

고유벡터에서 제1주성분 z_1은

Eigenvectors		
	Prin1	Prin2
GNP	0.570931	0.820998
TRADE	0.820998	-.570931

$$z_1 = 0.5709x_1 + 0.8210x_2$$

로 나타낼 수 있었다. 그렇지만 이 주성분은 방향만을 생각하고 있기 때문에 다음 그림과 같이, 제1주성분의 축이 얼마든지 존재할 수 있다.

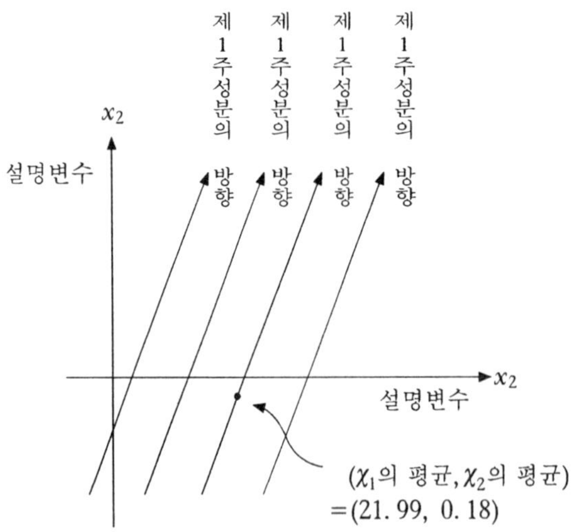

《그림 1.27》 제1주성분의 방향

그러면, $(\bar{x}_1, \bar{x}_2) = (21.99, 0.18)$을 원점[12]으로 하는 z_1축을 1개 결정해 보자. 그렇게 하기 위해서는

12) 원점 = 평균

$$z_1 = 0.5709 \times (x_1 - 21.99) + 0.8210 \times (x_2 - 0.18)$$

로 하면 되므로,

$$z_1 = 0.5709 x_1 + 0.8210 x_2 - 12.70$$

을 얻는다.

따라서 이 식에 데이터를 대입한 값을 “주성분점수(principal component score)”라고 부르기로 하자.

미국의 경우 $x_1 = 22.54$, $x_2 = -2.93$을 z_1에 대입해서 주성분점수

$$z_1 = 0.5709 \times 22.54 + 0.8210 \times (-2.93) - 12.70 = -2.243$$

을 얻는다. 이와 같이 해서 각 국의 주성분점수를 구하면 다음과 같다.

≪표 1.9≫ 분산 · 공분산행렬에 의한 방법

	Prin1	순위[13]
미국	-2.243	4
영국	-5.271	7
프랑스	-2.734	6
독일	4.623	②
이탈리아	-1.550	3
캐나다	-2.471	5
일본	9.646	①

이것을 다음과 같이 그래프로 표현해 보자.

13) 대외적인 “나라의 풍요함”에 관한 순위

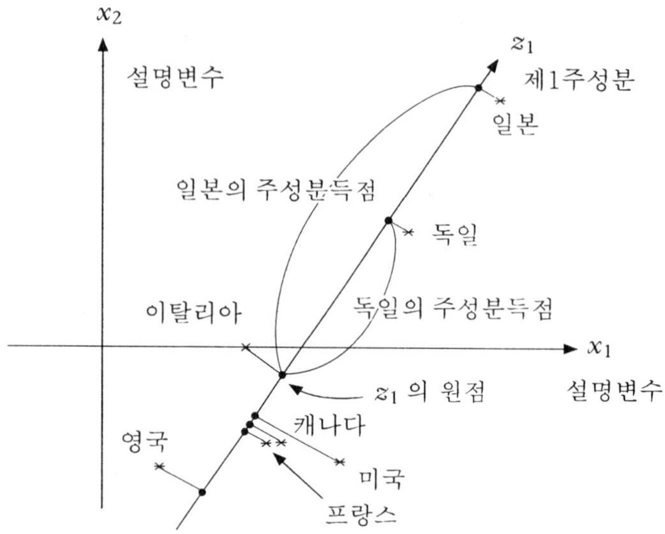

《그림 1.28》 각국의 주성분 점수

각 나라의 점이 z_1축 상으로 이동되기 때문에, z_1축의 원점으로부터의 거리가 각각의 주성분점수가 되는 것이다. 물론 이 값은 새로운 정보량과 일치하고 있다.

상관행렬에 의한 주성분점수는 어떻게 될까?

《표 1.10》상관행렬에 의한 방법

	PRIN1	순위[14]
미국	－0.384	3
영국	－1.520	7
프랑스	－0.652	6
독일	1.213	②
이탈리아	－0.549	4
캐나다	－0.584	5
일본	2.476	①

분산·공분산행렬에 의한 방법과 상관행렬에 의한 방법에서는 순위가 서로 다른 것에 주의하자.

14) 대외적인 “나라의 풍요함”에 관한 순위

【주성분점수를 구하기 위한 공식】

1) 분산 · 공분산행렬인 경우

Step1. 정수항 a_0를 구한다.

이미 구한 기초통계량과 고유벡터를 이용해서

$$a_0 = -\left(a_{11}\frac{\sum x_{1i}}{N} + a_{12}\frac{\sum x_{2i}}{N}\right)$$

Step2. 제1주성분의 주성분점수를 구한다. 제1주성분의 주성분점수 식은

$$z_1 = a_{11}x_1 + a_{12}x_2 + a_0$$

이므로, 이 식에 데이터를 대입하여 주성분점수를 구한다.

$$\begin{aligned} z_{11} &= a_{11}x_{11} + a_{12}x_{21} + a_0 \\ z_{12} &= a_{11}x_{12} + a_{12}x_{22} + a_0 \\ &\vdots \qquad\qquad \vdots \\ z_{1N} &= a_{11}x_{1N} + a_{12}x_{2N} + a_0 \end{aligned}$$

2) 상관행렬인 경우

Step1. 제1주성분의 주성분점수를 구한다.

$$z_{11} = a_{11}\left(\frac{x_{11} - \bar{x}_1}{\sqrt{s_{11}}}\right) + a_{12}\left(\frac{x_{21} - \bar{x}_2}{\sqrt{s_{22}}}\right)$$

←결국 데이터를 표준화하고 있다

$$z_{12} = a_{11}\left(\frac{x_{12} - \bar{x}_1}{\sqrt{s_{11}}}\right) + a_{12}\left(\frac{x_{22} - \bar{x}_2}{\sqrt{s_{22}}}\right)$$

$$\vdots \qquad\qquad \vdots$$

$$z_{1N} = a_{11}\left(\frac{x_{1N} - \bar{x}_1}{\sqrt{s_{11}}}\right) + a_{12}\left(\frac{x_{2N} - \bar{x}_2}{\sqrt{s_{22}}}\right)$$

9장 기여율 - 제 m 주성분까지 선택

주성분은 1개라고 한정지을 수 없다. 설명변수가 p개 있으면 주성분도 형식적으로 제1주성분, 제2주성분, …, 제p주성분과 같이 p개 존재한다. 그렇지만, 주성분분석의 주안점은

"많은 설명변수를 적은 수의 주성분으로 표현한다"

는 것이므로

"몇 번째의 주성분까지 선택할 것인가?"

가 문제가 된다. 그 결정방법이 "기여율과 누적 기여율"이다.

기여율은 각 주성분마다 결정되기 때문에, 컴퓨터에서는 고유값·고유벡터와 함께 출력된다. 예를 들면 다음과 같다.

Eigenvalues of the Covariance Matrix

	Eigenvalue	Difference	Proportion	Cumulative
1	27.2018186	25.3017753	0.9347	0.9347
2	1.9000433		0.0653	1.0000
	↑		↑	↑
	고유값		기여율	누적 기여율

이때 기여율의 정의는

$$\text{제1주성분의 기여율} = \frac{\text{제1주성분의 고유치}}{\text{고유치의 합계}}$$

이므로 위의 예에서의 기여율은 다음과 같다.

$$0.9347 = \frac{27.2018}{27.2018 + 1.9000}$$

그런데 기여율은

"각 주성분이 원래의 정보를 어느 정도 반영하고 있는가?"

를 나타내는 값이지만, 그것이 왜 고유값으로 주어지는 것일까?

실은 다음의 등호

$$\text{제1주성분의 고유값} = \text{제1주성분의 분산} = \frac{\text{새로운 정보량의 제곱합}}{\text{표본의 개수} - 1}$$

를 이용해서, 차례차례 변형해 가면

$$\text{제1주성분의 기여율} = \frac{\text{새로운 정보량의 제곱합}}{\text{원래 정보량의 제곱합}}$$

이 되는 것이다.

누적기여율은 각 주성분의 기여율을 차례로 합계한 것이다.

	Prin1	Prin2	Prin3	Prin4
X1	0.4970	-0.5432	0.4495	-0.5058
X2	0.5146	0.2102	0.4625	0.6908
X3	0.4809	0.7246	-0.1753	-0.4615
X3	0.5069	-0.3683	-0.7439	0.2325
Eigenvalue	3.5411	0.3134	0.0794	0.0661
Proportion	0.8853	0.0783	0.0199	0.0165
Cumulative	0.8853	0.9636	0.9835	1.0000

↑ 제2주성분까지의 누적기여율(0.9636 = 0.8853 + 0.0783)

【기여율의 공식】

분산·공분산행렬인 경우

제1주성분의 고유값을 λ_1, 고유벡터를 a_{11}, a_{12}로 한다.

제2주성분의 고유값을 λ_2, 고유벡터를 a_{21}, a_{22}로 한다.

제1주성분의 기여율$= \dfrac{\lambda_1}{\lambda_1 + \lambda_2}$, 제2주성분의 기여율$= \dfrac{\lambda_2}{\lambda_1 + \lambda_2}$.

이는 상관행렬의 경우에도 마찬가지로 적용된다.

10장 인자 부하량 - 주성분과 설명변수와의 상관계수

인자 부하량(factor loading)은 원래 인자분석에서 사용된 단어이지만 주성분분석에서도 이용되는 경우가 있다. 정의를 명확하게 내리면 다음과 같다.

인자 부하량= 제m주성분 z_m과 설명변수 x_i와의 상관계수 $r(z_m, x_i)$

≪표 1.1≫의 데이터에 대해 인자 부하량을 계산해 보자. 주의할 점은 분산·공분산행렬과 상관행렬에 있어서의 인자 부하량이 서로 다르다는 점이다.

1) 분산·공분산행렬에 의한 방법인 경우

제1주성분$z_1 = 0.5709x_1 + 0.8210x_2 - 12.70$에 각국의 데이터를 대입하면

≪표 1.11≫ 각국의 제1주성분 점수

	제1주성분 z_1	설명변수 x_1	설명변수 x_2
미 국	-2.243	22.54	-2.93
영 국	-5.271	17.61	-3.19
프랑스	-2.734	20.96	-2.43
독 일	4.623	24.73	3.91
이탈리아	-1.550	19.77	-0.16
캐나다	-2.471	21.12	-2.22
일 본	9.646	27.20	8.31

가 된다. 따라서 상관계수를 계산하면 다음과 같다.

$$r(z_1, x_1) = 0.9347$$

$$r(z_1, x_2) = 0.9835$$

따라서 제1주성분과 설명변수 x_1과의 인자 부하량 = 0.9347

제1주성분과 설명변수 x_2와의 인자 부하량 = 0.9835

인자 부하량과 고유벡터 사이에는 다음과 같은 관계가 성립한다.

$$\text{인자 부하량}\, r(z_m, x_i) = \frac{\sqrt{z_m\text{의 고유치}} \times x_i\text{의 계수}}{\sqrt{x_i\text{의 분산}}}$$

이것을 확인해 보자.

z_1의 고유치 = 27.2018　　x_1의 계수 = 0.5709　　x_1의 분산 = 10.147
↑제1주성분의 고유값　　↑제1주성분의 고유벡터　　↑분산·공분산행렬

위의 값을 인자 부하량 식에 대입해서 계산하면

$$\frac{\sqrt{27.2018} \times 0.5709}{\sqrt{10.147}} = 0.9347$$

가 되어 인자 부하량과 일치하는 것을 알 수 있다.

2) 상관행렬에 의한 방법인 경우

상관행렬에서 고유벡터를 구할 때는 데이터를 표준화하기 때문에, 표준화한 설명변수를 x_i^*로 나타내기로 하자.

제1주성분 $z_i^* = 0.7071x_1^* + 0.7071x_2^*$에 각국의 표준화한 데이터를 대입하면 주성분득점은

《표 1.12》 표준화한 데이터와 주성분점수

	주성분득점 z_1^*	설명변수 x_1^*	설명변수 x_2^*
미 국	-0.3837	0.172	-0.715
영 국	-1.5203	-1.373	-0.775
프랑스	-0.6532	-0.323	-0.600
독 일	1.2133	0.859	0.857
이탈리아	-0.5487	-0.696	-0.078
캐나다	-0.5836	-0.273	-0.552
일 본	2.4763	1.633	1.869

가 된다. 위의 표로부터 상관계수를 계산하면 아래와 같다.

$$r(z_1^*, x_1^*) = 0.9631 , \qquad r(z_1^*, x_2^*) = 0.9631$$

제1주성분과 설명변수 x_1과의 인자 부하량 $= 0.9631$

제1주성분과 설명변수 x_2와의 인자 부하량 $= 0.9631$

$$0.9631 = \sqrt{1.8552} \times 0.7071$$ [15]

이기 때문에, 인자 부하량= $\sqrt{\text{고유값}}$ × 고유벡터가 성립함을 알 수 있다.

따라서, 상관행렬을 이용한 주성분분석에서, 주성분의 의미를 해석할 때에는 고유벡터나 인자 부하량 중 어느 쪽을 사용해도 같은 결과를 얻는다.

	Prin1		Prin2	
X1	0.7071	0.9631	0.7071	0.2691
X2	0.7071	0.9631	-0.7071	-0.2691
	↑ 고유벡터	↑ 인자 부하량	↑ 고유벡터	↑ 인자 부하량
Eigenvalue	1.8552		0.1448	

【인자 부하량의 공식】

1) 분산 · 공분산행렬인 경우

	제1주성분의 인자 부하량	제2주성분의 인자 부하량
x_1	$\dfrac{a_{11}\sqrt{\lambda_1}}{\sqrt{s_{11}}}$	$\dfrac{a_{21}\sqrt{\lambda_2}}{\sqrt{s_{11}}}$
x_2	$\dfrac{a_{12}\sqrt{\lambda_1}}{\sqrt{s_{22}}}$	$\dfrac{a_{22}\sqrt{\lambda_2}}{\sqrt{s_{22}}}$

↑

분산 · 공분산행렬 $\begin{bmatrix} s_{11} & s_{12} \\ s_{21} & s_{22} \end{bmatrix}$

2) 상관행렬인 경우

	제1주성분의 인자 부하량	제2주성분의 인자 부하량
x_1	$a_{11}\sqrt{\lambda_1}$	$a_{21}\sqrt{\lambda_2}$
x_2	$a_{12}\sqrt{\lambda_1}$	$a_{22}\sqrt{\lambda_2}$

15) 제1주성분의 고유값 = 1.8552

부 록

다음은 본문의 예제 1 데이터에 대해 JMP대신 SAS를 이용하는 경우의 주성분분석 프로그램이다. 다음 페이지에 OUTPUT과 이에 대한 해석을 기술하였다.

【주성분분석을 위한 SAS program I : 분산공분산행렬 이용】

```
data pca;
  input id $ GNP TRADE;
  cards;
  U   22.54   -2.93
  E   17.61   -3.19
  F   20.96   -2.43
  G   24.73    3.91
  I   19.77   -0.16
  C   21.12   -2.22
  J   27.20    8.31
 ;
 proc princomp data=pca out=pca1;
      var GNP TRADE;
 proc sort data=pca1;
      by PRIN1;
 run;
 proc print data=pca1;
      var ID PRIN1 PRIN2;
 run;
 proc plot data=pca1;
 plot PRIN2*PRIN1=ID/vpos=25 hpos=70 vref=0 href=0;
 run;
```

【주성분분석을 위한 SAS program II : 상관행렬 이용】

```
data pca;
  input id $ GNP TRADE;
  cards;
  U   22.54   -2.93
  E   17.61   -3.19
  F   20.96   -2.43
  G   24.73    3.91
  I   19.77   -0.16
  C   21.12   -2.22
  J   27.20    8.31
 ;
 proc princomp data=pca cov out=pca1;
      var GNP TRADE;
 proc sort data=pca1;
      by PRIN1;
 run;
 proc print data=pca1;
      var ID PRIN1 PRIN2;
 run;
 proc plot data=pca1;
 plot PRIN2*PRIN1=ID/vpos=25 hpos=70 vref=0 href=0;
 run;
```

【Output I】 - 분산공분산행렬 이용

```
                         The PRINCOMP Procedure

                        Observations          7
                        Variables             2

                           Simple Statistics

                                  GNP                TRADE

              Mean        21.99000000          0.184285714
              StD          3.18550886          4.353664576

                           Covariance Matrix

                                  GNP                TRADE

             GNP          10.14746667          11.85978333
             TRADE        11.85978333          18.95439524

                     Total Variance     29.101861905

                 Eigenvalues of the Covariance Matrix

            Eigenvalue     Difference     Proportion     Cumulative

       1    27.2018186     25.3017753         0.9347         0.9347
       2     1.9000433                        0.0653         1.0000

                             Eigenvectors

                                Prin1          Prin2

                 GNP          0.570931       0.820998
                 TRADE        0.820998       -.570931

                 Obs     ID        Prin1          Prin2

                  1      E       -5.27096       -1.66949
                  2      F       -2.73438        0.64695
                  3      C       -2.47062        0.65841
                  4      U       -2.24281        2.22959
                  5      I       -1.55012       -1.62605
                  6      G        4.62316        0.12241
                  7      J        9.64575       -0.36182
```

【Output I】 - 분산공분산행렬 이용

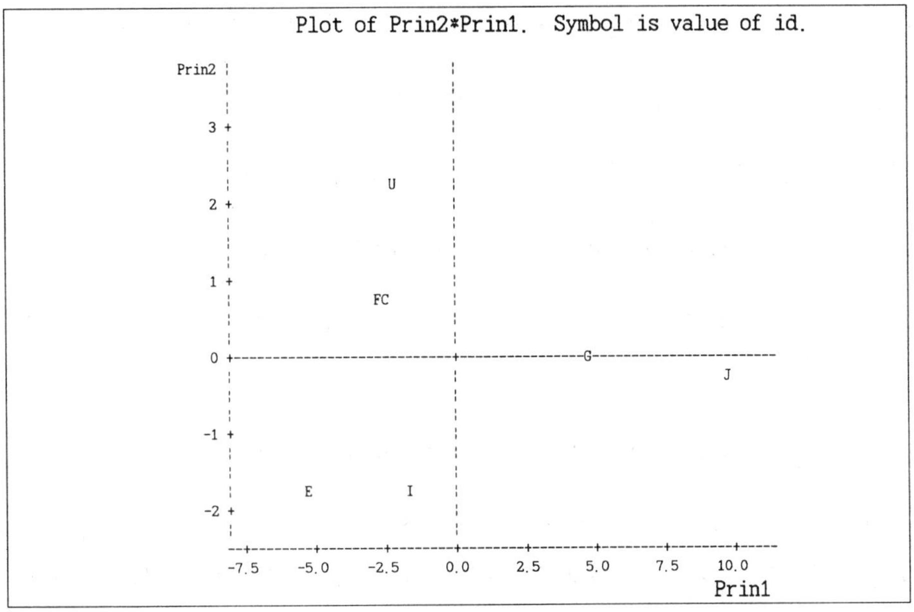

- Covariance Matrix란

분산과 공분산을 행렬의 형태로 나타낸 것으로서 대각 성분은 분산,
비대각 성분은 공분산의 값이다.

$$\text{분산} \cdot \text{공분산행렬} = \begin{bmatrix} \text{분 산} & \text{공분산} \\ \text{공분산} & \text{분 산} \end{bmatrix}$$

- 이 Eigenvalues, Eigenvectors는 분산 · 공분산행렬의 고유값, 고유벡터이다. 고유값의 크기 순으로 제1주성분z_1 =Prin1, 제2주성분z_2 =Prin2라고 한다.

$$\text{제1주성분의 고유벡터를 보면 } \begin{bmatrix} 0.5709 \\ 0.8210 \end{bmatrix} \text{으로 되어 있기 때문에}$$

제1주성분z_1은 $z_1 = 0.5709x_1 + 0.8210x_2$가 된다. 주안점은 이 제1주성분이 표현하고 있는 종합적 특성을 어떻게 해석할 것인가 하는 점이다. 여기가 주성분분석의 가장 중요한 곳이다!!

- Proportion이란 기여율로서, 각 주성분이 데이터를 각각 어느 정도 반영하고 있는가를 나타낸 값이다. 예를 들면 제1주성분의 기여율은 0.9347이므로 제1주성분으로 전체 데이터의 93.47%를 표현하고 있다.

- Cumulative란 기여율을 차례로 합계한 값으로 누적 기여율이라고 한다.
- Component Score는 주성분 득점이다. 예를 들면 제1주성분인 경우

$$z_1 = 0.5709x_1 + 0.8210x_2 - 12.70$$

에 각각 표본의 값을 대입하여 구한다. 미국의 경우는 다음과 같다.

$$-2.2428 = 0.5709 \times 22.54 + 0.8210 \times (-2.93) - 12.70$$

이 값의 크기에 따라 각 주성분에서 순위를 매길 수가 있다. 각 나라의 순위는 다음과 같다.

일본 〉 독일 〉 이탈리아 〉 미국 〉 캐나다 〉 프랑스 〉 영국

- 위의 그래프는 제 1 주성분과 제 2 주성분을 축으로 놓은 플롯이다. 제1 주성분 축을 기준으로 일본(J)이 가장 큰 점수를 보이고, 그 다음이 독일(G), 이탈리아(I), 미국(U) 순으로 분포하고 있음을 확인할 수 있다.

【Output II】 -상관행렬 이용

```
                    Simple Statistics

                          GNP              TRADE

        Mean       21.99000000        0.184285714
        StD         3.18550886        4.353664576

                    Correlation Matrix

                          GNP        TRADE

            GNP        1.0000       0.8552
            TRADE      0.8552       1.0000

           Eigenvalues of the Correlation Matrix

      Eigenvalue    Difference    Proportion    Cumulative

  1   1.85515132    1.71030265        0.9276        0.9276
  2   0.14484868                      0.0724        1.0000

                      Eigenvectors

                        Prin1          Prin2

          GNP        0.707107       0.707107
          TRADE      0.707107       -.707107

          Obs   ID      Prin1          Prin2
           1    E     -1.52029       -0.42422
           2    F     -0.65324        0.19597
           3    C     -0.58361        0.19738
           4    I     -0.54870       -0.43687
           5    U     -0.38372        0.62790
           6    G      1.21333        0.00310
           7    J      2.47625       -0.16325
```

【Output II】 - 상관행렬 이용

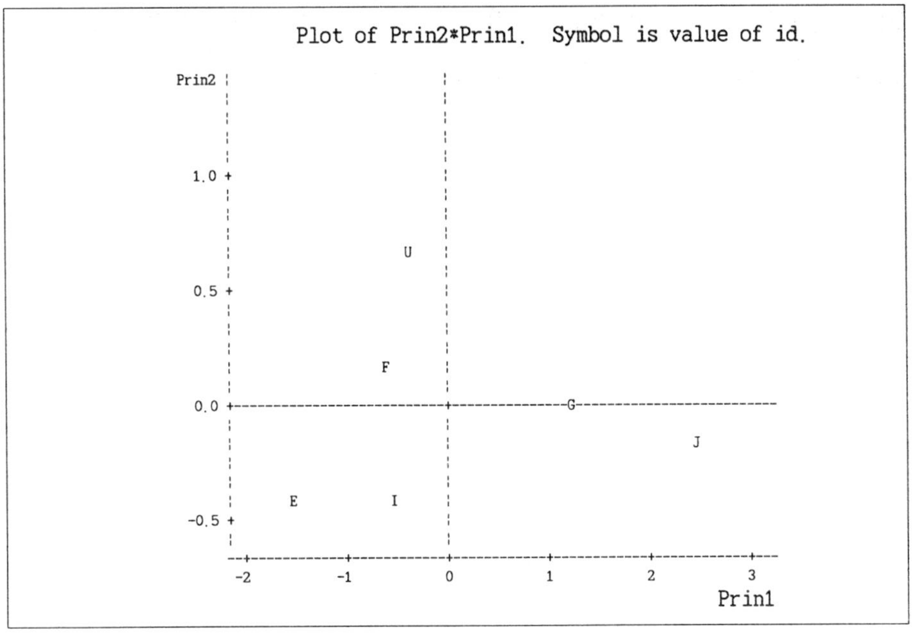

• 제1주성분의 고유벡터는 $\begin{bmatrix} 0.7071 \\ 0.7071 \end{bmatrix}$로 둘 다 양의 값으로 국민 총생산 x_1과 무역수지 x_2이 많으면 많을수록 제1주성분

$$z_1^* = 0.7071\,x_1^* + 0.7071\,x_2^*$$

의 값이 크게 된다. 따라서 제1주성분의 종합적 특성을 "풍요한 국가"로 해석하면 될 것이다.

• Component Score는 주성분 득점으로 제1주성분인 경우

$$z_1^* = 0.7071\,x_1^* + 0.7071\,x_2^*$$

에 표준화한 각 표본의 값을 대입하면 얻을 수 있다.

그런데 제1주성분은 "풍요한 국가"을 의미하고 있기 때문에 주성분득점을 살펴보면 다음과 같은 순으로 일본이 가장 풍요한 국가임을 알 수 있다.

일본 〉 독일 〉 미국 〉 이탈리아 〉 캐나다 〉 프랑스 〉 영국

- 위의 그래프는 제 1 주성분과 제 2 주성분을 축으로 놓은 플롯이다. 제 1주성분 축을 기준으로 일본(J)이 가장 큰 점수를 보이고, 그 다음이 독일(G), 미국(U), 이탈리아(I) 순으로 분포하고 있음을 확인할 수 있다.

연 습 문 제

1. 다음 자료는 1984년 올림픽 직전의 55개국 육상선수들의 국제 경기기록으로, 100m, 200m, 400m, 800m, 1500m 5k, 10k, 마라톤 종목의 기록이다. 8개 종목에 대한 주성분분석을 실시하라. (출처:http://lib.stat.cmu.edu/DASL/Datafiles/)

Number of cases: 55

변수 설명:

Country: 국가명

100m: 100m 경주의 초시간 기록

200m: 200m 경주의 초시간 기록

400m: 400m 경주의 초시간 기록

800m: 800m 경주의 초시간 기록

1500m: 1500m 경주의 초시간 기록

5K: 5000m 경주의 초시간 기록

10K: 10000m 경주의 초시간 기록

마라톤: 마라톤 경주의 분시간 기록

The Data:

country	100m	200m	400m	800m	1500m	5K	10K	Marathon
Argentina	10.39	20.81	44.84	1.81	3.70	14.04	29.36	137.72
Australia	10.31	20.06	44.84	1.74	3.57	13.28	27.66	128.30
Austria	10.44	20.81	46.82	1.79	3.60	13.26	27.72	135.90
Belgium	10.34	20.68	45.04	1.73	3.60	13.22	27.45	129.95
Bermuda	10.28	20.58	45.91	1.80	3.75	14.68	30.55	146.62
Brazil	10.22	20.43	45.21	1.73	3.66	13.62	28.62	133.13
Burma	10.64	21.52	48.30	1.80	3.85	14.45	30.28	139.95
Canada	10.17	20.22	45.68	1.76	3.63	13.55	28.09	130.15
Chile	10.34	20.80	46.20	1.79	3.71	13.61	29.30	134.03
China	10.51	21.04	47.30	1.81	3.73	13.90	29.13	133.53
Columbia	10.43	21.05	46.10	1.82	3.74	13.49	27.88	131.35
Cook Islands	12.18	23.20	52.94	2.02	4.24	16.70	35.38	164.70
Costa Rica	10.94	21.90	48.66	1.87	3.84	14.03	28.81	136.58
Czechoslovakia	10.35	20.65	45.64	1.76	3.58	13.42	28.19	134.32
Denmark	10.56	20.52	45.89	1.78	3.61	13.50	28.11	130.78
Dominican Republic	10.14	20.65	46.80	1.82	3.82	14.91	31.45	154.12
Finland	10.43	20.69	45.49	1.74	3.61	13.27	27.52	130.87

France	10.11	20.38	45.28	1.73	3.57	13.34	27.97	132.30
East Germany	10.12	20.33	44.87	1.73	3.56	13.17	27.42	129.92
West Germany	10.16	20.37	44.50	1.73	3.53	13.21	27.61	132.23
United Kingdom	10.11	20.21	44.93	1.70	3.51	13.01	27.51	129.13
Greese	10.22	20.71	46.56	1.78	3.64	14.59	28.45	134.60
Guatemala	10.98	21.82	48.40	1.89	3.80	14.16	30.11	139.33
Hungary	10.26	20.62	46.02	1.77	3.62	13.49	28.44	132.58
India	10.60	21.42	45.73	1.76	3.73	13.77	28.81	131.98
Indonesia	10.59	21.49	47.80	1.84	3.92	14.73	30.79	148.83
Ireland	10.61	20.96	46.30	1.79	3.56	13.32	27.81	132.35
Israel	10.71	21.00	47.80	1.77	3.72	13.66	28.93	137.55
Italy	10.01	19.72	45.26	1.73	3.60	13.23	27.52	131.08
Japan	10.34	20.81	45.86	1.79	3.64	13.41	27.72	128.63
Kenya	10.46	20.66	44.92	1.73	3.55	13.10	27.38	129.75
South Korea	10.34	20.89	46.90	1.79	3.77	13.96	29.23	136.25
North Korea	10.91	21.94	47.30	1.85	3.77	14.13	29.67	130.87
Luxembourg	10.35	20.77	47.40	1.82	3.67	13.64	29.08	141.27
Malaysia	10.40	20.92	46.30	1.82	3.80	14.64	31.01	154.10
Mauritius	11.19	22.45	47.70	1.88	3.83	15.06	31.77	152.23
Mexico	10.42	21.30	46.10	1.80	3.65	13.46	27.95	129.20
Netherlands	10.52	20.95	45.10	1.74	3.62	13.36	27.61	129.02
New Zealand	10.51	20.88	46.10	1.74	3.54	13.21	27.70	128.98
Norway	10.55	21.16	46.71	1.76	3.62	13.34	27.69	131.48
Papua New Guinea	10.96	21.78	47.90	1.90	4.01	14.72	31.36	148.22
Philippines	10.78	21.64	46.24	1.81	3.83	14.74	30.64	145.27
Poland	10.16	20.24	45.36	1.76	3.60	13.29	27.89	131.59
Portugal	10.53	21.17	46.70	1.79	3.62	13.13	27.38	128.65
Rumania	10.41	20.98	45.87	1.76	3.64	13.25	27.67	132.50
Singapore	10.38	21.28	47.40	1.88	3.89	15.11	31.32	157.77
Spain	10.42	20.77	45.98	1.76	3.55	13.31	27.73	131.57
Sweden	10.25	20.61	45.63	1.77	3.61	13.29	27.94	130.63
Switzerland	10.37	20.46	45.78	1.78	3.55	13.22	27.91	131.20
Taiwan	10.59	21.29	46.80	1.79	3.77	14.07	30.07	139.27
Thailand	10.39	21.09	47.91	1.83	3.84	15.23	32.56	149.90
Turkey	10.71	21.43	47.60	1.79	3.67	13.56	28.58	131.50
USA	9.93	19.75	43.86	1.73	3.53	13.20	27.43	128.22
USSR	10.07	20.00	44.60	1.75	3.59	13.20	27.53	130.55
Western Samoa	10.82	21.86	49.00	2.02	4.24	16.28	34.71	161.83

2. 다음 자료는 1979년 유럽 국가들의 산업별 고용률이다. 산업유형은 농업, 광업, 공업, 전력산업, 건설업, 서비스 산업, 재무, 사회복지, 그리고 교통·통신업이다. 고용률에 대한 주성분분석을 실시하라.
(출처 : http://lib.stat.cmu.edu/DASL/Datafiles/)

Number of cases: 26

변수 설명:

Country: 국가명
Agr: 농업의 고용률
Min: 광업의 고용률
Man: 공업의 고용률
PS: 전력 산업의 고용률
Con: 건설업의 고용률
SI: 서비스 산업의 고용률
Fin: 재무의 고용률
SPS: 사회복지 사업의 고용률
TC: 교통·통신 산업의 고용률

The Data:

Country	Agr	Min	Man	PS	Con	SI	Fin	SPS	TC
Belgium	3.3	0.9	27.6	0.9	8.2	19.1	6.2	26.6	7.2
Denmark	9.2	0.1	21.8	0.6	8.3	14.6	6.5	32.2	7.1
France	10.8	0.8	27.5	0.9	8.9	16.8	6.0	22.6	5.7
W. Germany	6.7	1.3	35.8	0.9	7.3	14.4	5.0	22.3	6.1
Ireland	23.2	1.0	20.7	1.3	7.5	16.8	2.8	20.8	6.1
Italy	15.9	0.6	27.6	0.5	10.0	18.1	1.6	20.1	5.7
Luxembourg	7.7	3.1	30.8	0.8	9.2	18.5	4.6	19.2	6.2
Netherlands	6.3	0.1	22.5	1.0	9.9	18.0	6.8	28.5	6.8
United Kingdom	2.7	1.4	30.2	1.4	6.9	16.9	5.7	28.3	6.4
Austria	12.7	1.1	30.2	1.4	9.0	16.8	4.9	16.8	7.0
Finland	13.0	0.4	25.9	1.3	7.4	14.7	5.5	24.3	7.6
Greece	41.4	0.6	17.6	0.6	8.1	11.5	2.4	11.0	6.7
Norway	9.0	0.5	22.4	0.8	8.6	16.9	4.7	27.6	9.4
Portugal	27.8	0.3	24.5	0.6	8.4	13.3	2.7	16.7	5.7
Spain	22.9	0.8	28.5	0.7	11.5	9.7	8.5	11.8	5.5
Sweden	6.1	0.4	25.9	0.8	7.2	14.4	6.0	32.4	6.8
Switzerland	7.7	0.2	37.8	0.8	9.5	17.5	5.3	15.4	5.7
Turkey	66.8	0.7	7.9	0.1	2.8	5.2	1.1	11.9	3.2
Bulgaria	23.6	1.9	32.3	0.6	7.9	8.0	0.7	18.2	6.7
Czechoslovakia	16.5	2.9	35.5	1.2	8.7	9.2	0.9	17.9	7.0
E. Germany	4.2	2.9	41.2	1.3	7.6	11.2	1.2	22.1	8.4
Hungary	21.7	3.1	29.6	1.9	8.2	9.4	0.9	17.2	8.0
Poland	31.1	2.5	25.7	0.9	8.4	7.5	0.9	16.1	6.9
Rumania	34.7	2.1	30.1	0.6	8.7	5.9	1.3	11.7	5.0
USSR	23.7	1.4	25.8	0.6	9.2	6.1	0.5	23.6	9.3
Yugoslavia	48.7	1.5	16.8	1.1	4.9	6.4			

제 2 부

인자분석

1장 인자분석의 개요

"인자분석을 통해서 무엇을 알 수 있을까?"

이것을 아는 것이 인자분석을 이해하기 위한 첫 걸음이 된다.

인자분석을 하면……

앞에서 다룬 주성분분석처럼 인자분석을 통해서 무엇을 아는가에 따라서 인자분석을 이해하는 첫 걸음이 된다.

- 여러 개의 변수로 측정된 자료를 변수들 간에 공분산관계 및 상관관계를 이용하여 이해하기 쉬운 형태로 축소/요약을 하는데 사용되며,
- 타당성(Validity)검정의 일부로서 많은 항목들이 어떠한 개념이나 현상을 측정하였을 때 과연 각 변수들이 모두 동일한 개념을 측정하였는가를 확인하는데 사용한다.
- 측정한 개념의 타당성을 저해하는 변수들을 추출하는데 사용한다.

2장 JMP를 이용한 데이터 분석

인자분석을 이해하기 위해 직접 데이터를 분석하는 것이 좋을 것이다.

다음 자료는 대한민국 성인 남녀의 1992년도 인체 측정 자료의 일부이다. 관측된 총 개체 수는 3386명이며, 변수는 성별, 신장, 어깨높이, 대퇴돌기높이, 양발 벌린 길이, 가슴둘레, 허리둘레, 엉덩이둘레, 머리길이, 머리너비, 머리두께, 체중 나이 등으로 구성되어 있다. 이들 변수 중 일부를 이용하여 인자분석을 시행해보도록 하겠다.

A92

_A92

Columns (8/0)
- 성별
- 나이
- 신장
- 어깨높이
- 대퇴돌기높이
- 가슴둘레
- 허리둘레
- 엉덩이둘레

Rows

All Rows	3386
Selected	0
Excluded	0
Hidden	0
Labelled	0

	성별	나이	신장	어깨높이	대퇴돌기높이	가슴둘레	허리둘레	엉덩이둘레
1	2	18	163.8	134.4	78.6	87.7	71.9	90.6
2	2	18	156.8	126.8	75.1	96	80.3	99.7
3	2	18	153.3	123	74.1	79.1	58.9	83.5
4	2	19	155	124.6	71.6	79.3	64.2	87
5	2	18	150.1	119.4	69.2	76.8	63	86.2
6	2	18	156.6	125.7	74.8	86.8	72	99.2
7	2	18	158	126.9	73.2	83.2	68.3	92.6
8	2	18	161.4	130.2	78.1	75.5	63	88.1
9	1	59	183.4	148.2	82.3	102.5	95	111
10	2	33	157.8	127.3	76.6	78.2	61.6	84.9
11	1	18	165.9	132	80.2	83.8	67.5	87.8
12	1	20	168.6	134.5	82.6	81.5	75.2	95.1
13	1	18	162.9	132.5	76.1	80.2	65	86.7
14	1	18	167.5	134.7	79	81.5	66.5	83
15	1	18	175.9	142	84.2	81.2	70.1	85.5
16	1	18	176.3	143.9	85.1	89.1	88.1	104
17	1	18	158.5	127.5	74.5	96.6	83.4	96.9
18	1	18	169.6	139.2	82.9	87.5	71	87.2
19	1	18	170	137.8	80.1	95.2	82.4	94.7
20	1	18	162.5	129.5	77.1	86.7	71.2	87
21	1	18	173.2	140	87.5	81.2	55.8	80.5
22	1	18	171.7	140.1	84.5	85.6	70	89.8
23	1	18	165.5	133.7	79.4	75.3	66.7	80.7
24	1	46	175.7	143.1	83.1	94.3	81.9	93.8
25	1	46	165.2	133	77.7	94.5	90.5	95
26	1	22	146.6	113.9	76.2	70.2	61.3	73.2
27	2	18	154.8	125.7	76.8	79.3	65.4	83.8
28	2	18	156.6	125.3	75.9	80	63.6	87.2
29	2	18	162.5	133.2	80.3	82.8	67.7	95.5
30	2	18	166.5	136.2	78.4	84.3	69.5	97.9
31	2	18	161.2	130.6	77.4	77	65.4	94
32	2	18	144.7	114.6	69	81	64.5	88.3
33	2	18	159.7	130	79	83.5	70.2	92.1
34	2	18	149	120.2	74	76.2	60.5	81.8
35	2	18	151	122.3	72	81.4	68	90.6
36	2	18	166.1	135.4	81.8	82	64.5	92.2
37	2	18	163.4	133.4	74.8	84.6	66.8	90.6
38	2	22	162	133.3	78.2	87.1	70.2	91.2
39	2	18	161.4	130.1	77	83	64.1	92.3
40	2	18	160.6	130.6	78.8	72	60.2	84
41	2	18	157.5	127.7	78.4	84.4	69.8	93.5
42	2	18	157.5	127.8	78.9	88.2	69.5	93.8
43	2	18	153.9	124.3	74.8	83.1	64.2	93.4
44	2	18	159.2	128.5	77	74.6	60.4	88.1

《그림 2.1》 분석 자료의 일부

인자분석은 Analysis 메뉴의 Multivariate Methods의 Multivariate에서 이루어지게 된다.

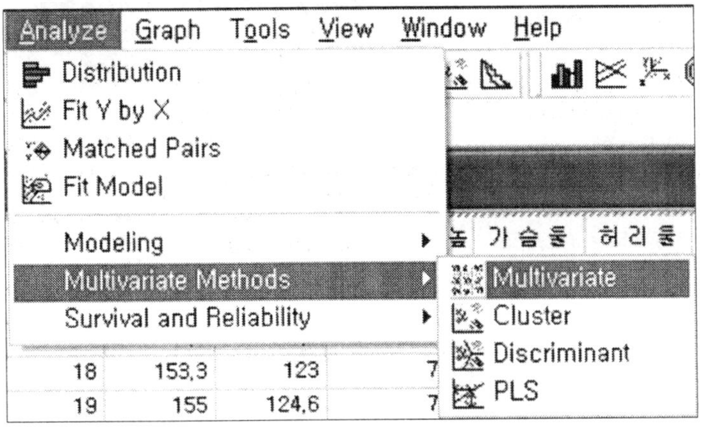

≪그림 2.2≫ 분석방법 선택

위의 그림에서 Multivariate를 클릭하면 다음과 같은 화면이 나오는데, 여기서 인자분석에 사용할 변수를 지정한다. 변수는 Y,Columns라는 곳에 모두 다 지정하면 된다. 상단에 있는 Multivariate의 부메뉴의 Principal Components로 들어가서 인자분석을 실시한다.

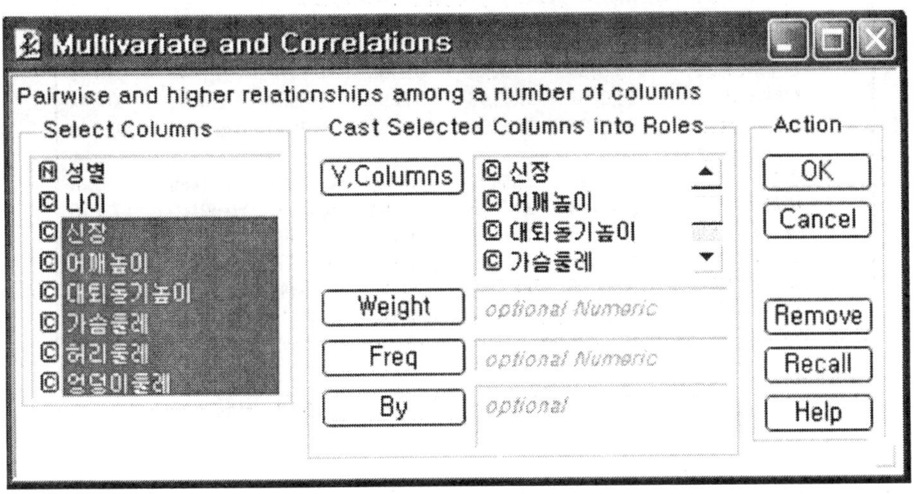

≪그림 2.3≫ 분석변수 선택

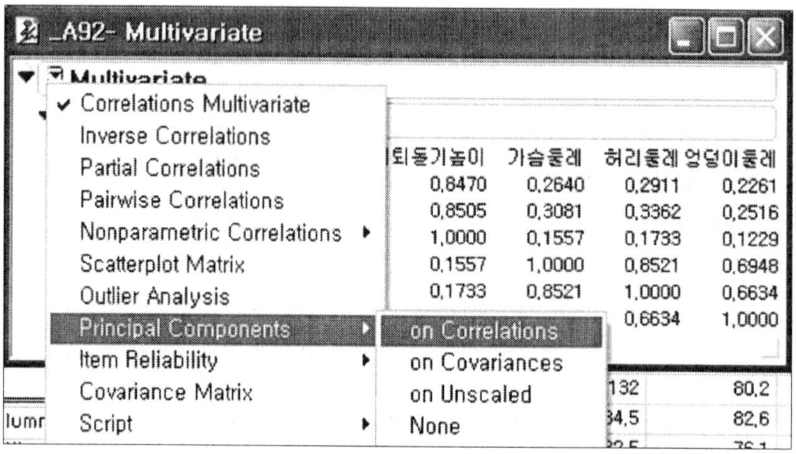

《그림 2.4》 인자분석

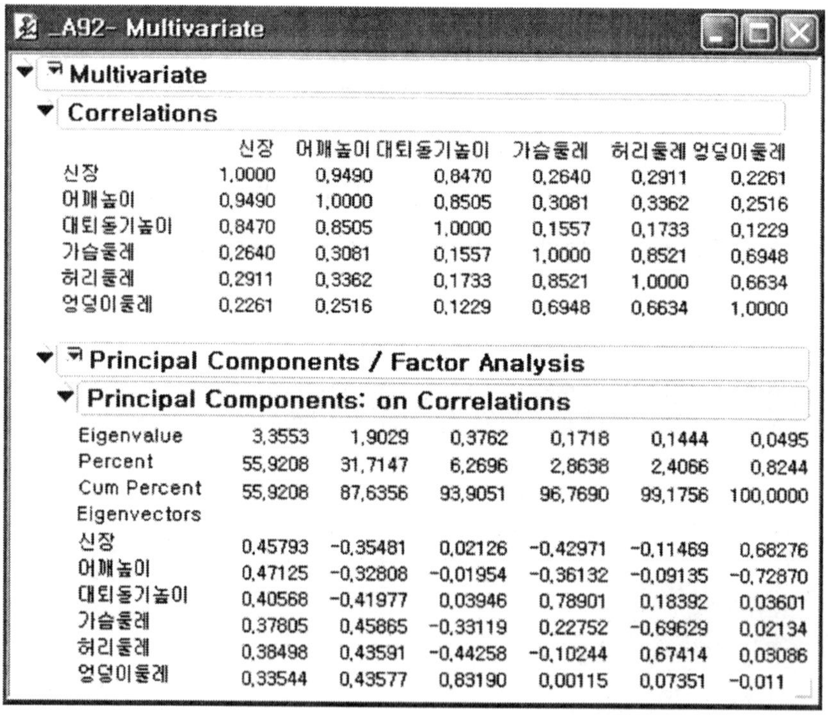

_A92- Multivariate

Multivariate

Correlations

	신장	어깨높이	대퇴돌기높이	가슴둘레	허리둘레	엉덩이둘레
신장	1,0000	0,9490	0,8470	0,2640	0,2911	0,2261
어깨높이	0,9490	1,0000	0,8505	0,3081	0,3362	0,2516
대퇴돌기높이	0,8470	0,8505	1,0000	0,1557	0,1733	0,1229
가슴둘레	0,2640	0,3081	0,1557	1,0000	0,8521	0,6948
허리둘레	0,2911	0,3362	0,1733	0,8521	1,0000	0,6634
엉덩이둘레	0,2261	0,2516	0,1229	0,6948	0,6634	1,0000

Principal Components / Factor Analysis

Principal Components: on Correlations

Eigenvalue	3,3553	1,9029	0,3762	0,1718	0,1444	0,0495
Percent	55,9208	31,7147	6,2696	2,8638	2,4066	0,8244
Cum Percent	55,9208	87,6356	93,9051	96,7690	99,1756	100,0000
Eigenvectors						
신장	0,45793	-0,35481	0,02126	-0,42971	-0,11469	0,68276
어깨높이	0,47125	-0,32808	-0,01954	-0,36132	-0,09135	-0,72870
대퇴돌기높이	0,40568	-0,41977	0,03946	0,78901	0,18392	0,03601
가슴둘레	0,37805	0,45865	-0,33119	0,22752	-0,69629	0,02134
허리둘레	0,38498	0,43591	-0,44258	-0,10244	0,67414	0,03086
엉덩이둘레	0,33544	0,43577	0,83190	0,00115	0,07351	-0,011

《그림 2.5》 인자분석 결과 : 상관행렬 이용

위의 출력결과는 어깨높이, 신장, 대퇴돌기높이, 허리둘레, 가슴둘레, 엉덩이둘레로 이루어진 변수들을 인자 2개로 표현한 결과이다. 다음은 고려된 인자분석모형이다.

$$
\begin{pmatrix} HT2 \\ HT1 \\ HT3 \\ WD2 \\ WD1 \\ WD3 \end{pmatrix} = \begin{pmatrix} l_{11} & l_{12} \\ l_{21} & l_{22} \\ l_{31} & l_{32} \\ l_{41} & l_{42} \\ l_{51} & l_{52} \\ l_{61} & l_{62} \end{pmatrix} \begin{pmatrix} F_1 \\ F_2 \end{pmatrix} + \begin{pmatrix} e_1 \\ e_2 \\ e_3 \\ e_4 \\ e_5 \\ e_6 \end{pmatrix}
$$

여기서 사용된 변수는 모두 표준화된 변수이며 표준화된 변수의 공분산행렬에 대한 분석은 원자료의 상관계수행렬을 분석한 결과와 같다. 상관계수행렬의 고유값은 $\lambda_1 = 3.35525$, $\lambda_2 = 1.90288$으로 전체 고유값 분산의 87.64%를 차지한다. 이는 6개의 변수를 2개의 인자로 표현할 경우 전체분산의 약 87.64%가 설명된다는 것을 의미한다. 첫 번째 인자에 걸리는 적재를 살펴보면 이는 변수의 전체적인 합계(또는 평균)를 의미하는 인자이고, 두 번째 인자에 걸리는 적재를 살펴보면 이는 신체의 둘레를 나타내는 변수 군과 신체의 길이를 나타내는 변수 군의 차이를 나타내는 인자임을 알 수 있다.

Principal Components/Factor Analysis의 부메뉴인 Factor Rotation은 해석하기 쉽도록 인자의 축을 회전시키는 것으로, 직교회전인 Varimax가 디폴트다. 이때, 회전시키는 인자 수에 따라 해석의 용이성은 달라질 수 있다.

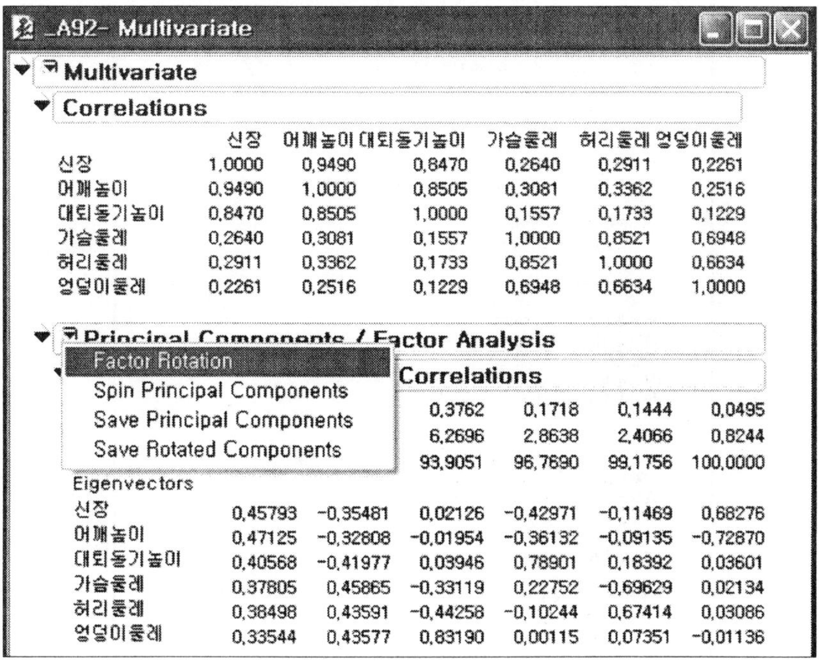
_A92- Multivariate

Multivariate

Correlations

	신장	어깨높이	대퇴돌기높이	가슴둘레	허리둘레	엉덩이둘레
신장	1,0000	0,9490	0,8470	0,2640	0,2911	0,2261
어깨높이	0,9490	1,0000	0,8505	0,3081	0,3362	0,2516
대퇴돌기높이	0,8470	0,8505	1,0000	0,1557	0,1733	0,1229
가슴둘레	0,2640	0,3081	0,1557	1,0000	0,8521	0,6948
허리둘레	0,2911	0,3362	0,1733	0,8521	1,0000	0,6634
엉덩이둘레	0,2261	0,2516	0,1229	0,6948	0,6634	1,0000

Principal Components / Factor Analysis

Correlations

			0,3762	0,1718	0,1444	0,0495
			6,2696	2,8638	2,4066	0,8244
			93,9051	96,7690	99,1756	100,0000
Eigenvectors						
신장	0,45793	-0,35481	0,02126	-0,42971	-0,11469	0,68276
어깨높이	0,47125	-0,32808	-0,01954	-0,36132	-0,09135	-0,72870
대퇴돌기높이	0,40568	-0,41977	0,03946	0,78901	0,18392	0,03601
가슴둘레	0,37805	0,45865	-0,33119	0,22752	-0,69629	0,02134
허리둘레	0,38498	0,43591	-0,44258	-0,10244	0,67414	0,03086
엉덩이둘레	0,33544	0,43577	0,83190	0,00115	0,07351	-0,01136

≪그림 2.6≫ 인자 회전

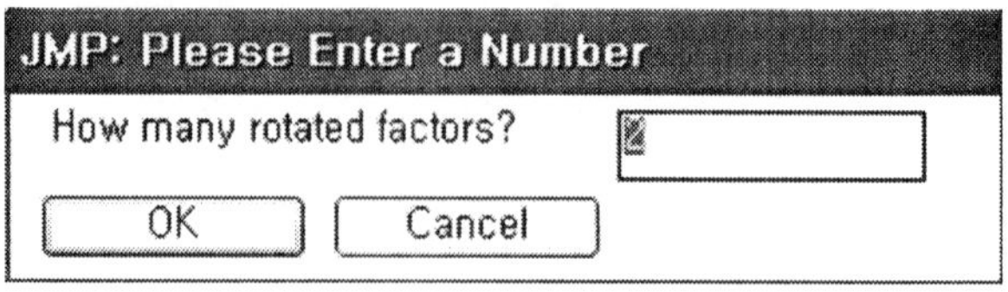

≪그림 2.7≫ 회전 인자 수 지정

다음 결과물은 인자회전에 대한 Output이다. JMP에서는 인자 회전 시 초기의 인자 적재행렬을 직교회전시킨 VARIMAX 회전 결과를 산출한다.

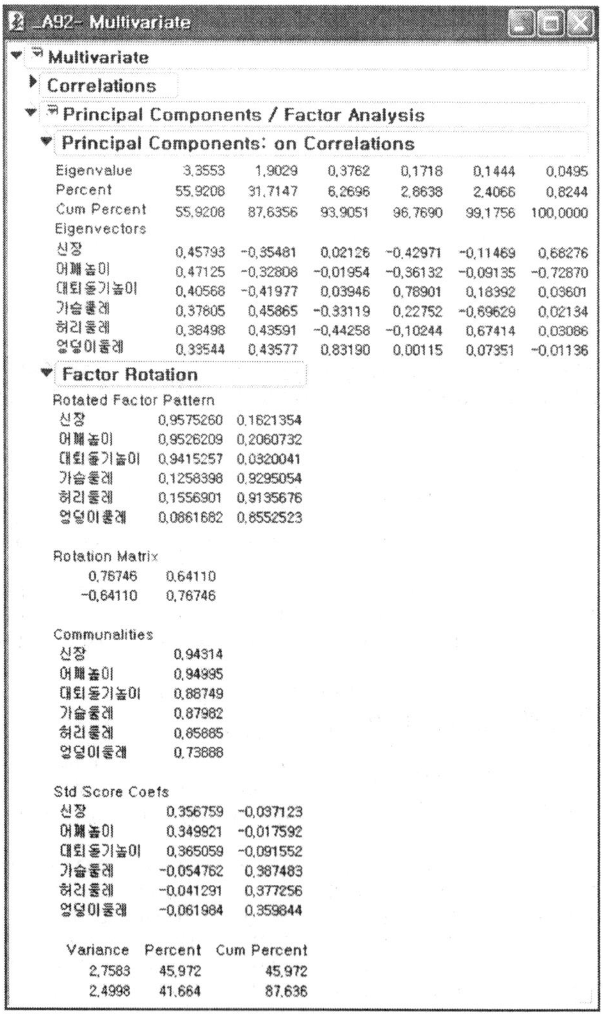

_A92- Multivariate

Multivariate

Correlations

Principal Components / Factor Analysis

Principal Components: on Correlations

Eigenvalue	3.3553	1.9029	0.3762	0.1718	0.1444	0.0495
Percent	55.9208	31.7147	6.2696	2.8638	2.4066	0.8244
Cum Percent	55.9208	87.6356	93.9051	96.7690	99.1756	100.0000
Eigenvectors						
신장	0.45793	-0.35481	0.02126	-0.42971	-0.11469	0.68276
어깨높이	0.47125	-0.32808	-0.01954	-0.36132	-0.09135	-0.72870
대퇴돌기높이	0.40568	-0.41977	0.03946	0.78901	0.18392	0.03601
가슴둘레	0.37605	0.45865	-0.33119	0.22752	-0.69629	0.02134
허리둘레	0.38498	0.43591	-0.44258	-0.10244	0.67414	0.03086
엉덩이둘레	0.33544	0.43577	0.83190	0.00115	0.07351	-0.01136

Factor Rotation

Rotated Factor Pattern

신장	0.9575260	0.1621354
어깨높이	0.9526209	0.2060732
대퇴돌기높이	0.9415257	0.0320041
가슴둘레	0.1258398	0.9295054
허리둘레	0.1556901	0.9135676
엉덩이둘레	0.0861682	0.8552523

Rotation Matrix

0.76746	0.64110
-0.64110	0.76746

Communalities

신장	0.94314
어깨높이	0.94995
대퇴돌기높이	0.88749
가슴둘레	0.87982
허리둘레	0.85885
엉덩이둘레	0.73888

Std Score Coefs

신장	0.356759	-0.037123
어깨높이	0.349921	-0.017592
대퇴돌기높이	0.365059	-0.091552
가슴둘레	-0.054762	0.387483
허리둘레	-0.041291	0.377256
엉덩이둘레	-0.061984	0.359844

Variance	Percent	Cum Percent
2.7583	45.972	45.972
2.4998	41.664	87.636

≪그림 2.8≫ 회전된 인자 결과 : 상관행렬 이용

위의 출력 결과를 보면 첫 번째 인자는 신체의 길이를 나타내는 인자로 정의할 수 있으며, 두 번째 인자는 신체의 둘레를 나타내는 인자로 정의할 수 있다. 또한 직교행렬 T 는 다음과 같음을 알 수 있다.

$$T = \begin{pmatrix} 0.76746 & 0.64110 \\ -0.64110 & 0.76746 \end{pmatrix}$$

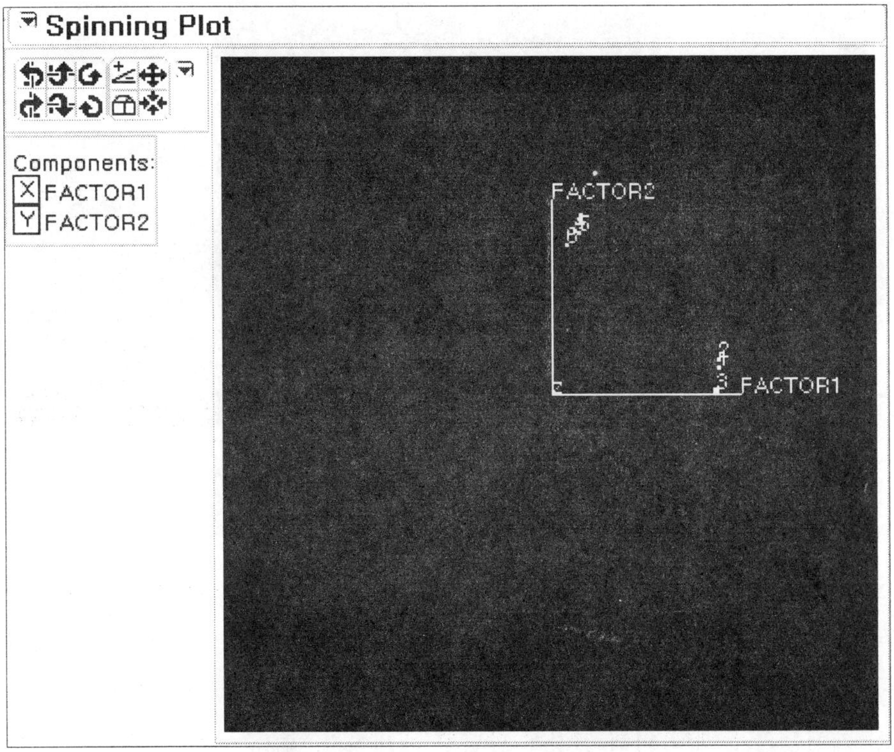

≪그림 2.9≫ 회전 후의 변수 PLOT

위의 PLOT은 회전 후의 PLOT이다. FACTOR 1 축으로 신장, 어깨높이, 대퇴돌기높이 변수가 같은 방향으로 분포하고 있고, FACTOR 2축으로는 가슴둘레, 허리둘레, 엉덩이 둘레가 같은 방향으로 분포하고 있음을 알 수 있다. 즉, 회전된 제1주성분 축은 길이와 관련한 인자이고, 회전된 제2주성분 축은 둘레와 관련한 인자임을 알 수 있다.

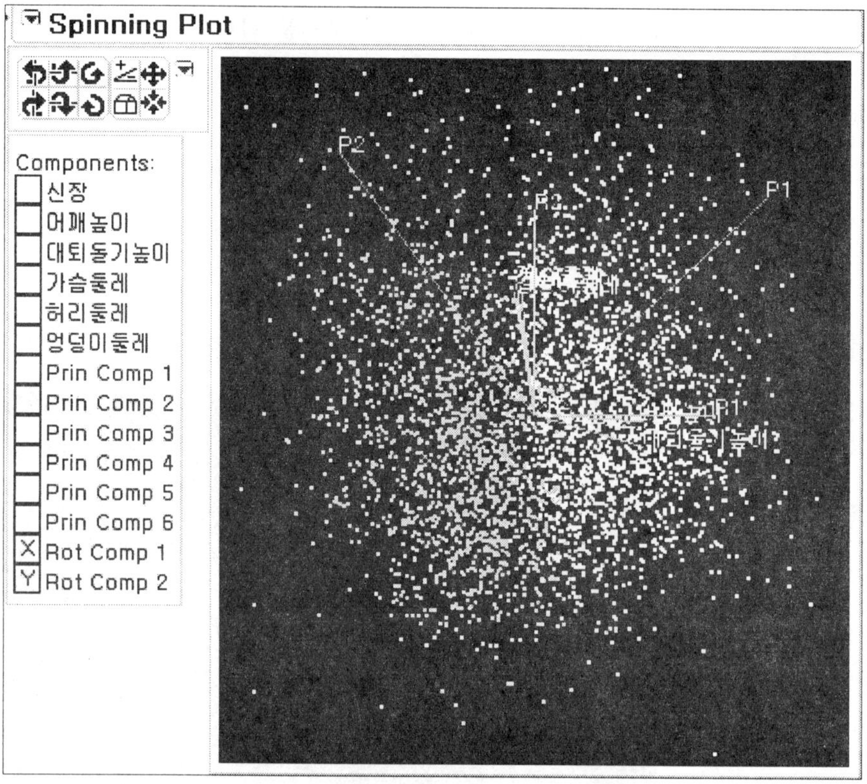

≪그림 2.10≫ BIPLOT

위의 PLOT은 변수 플롯과 개체 플롯을 동시에 표현한 BIPLOT이다. X축이 회전된 제1주성분(Rot Comp 1; Rotated Component 1)이고, Y축이 회전된 제2주성분(Rot Comp 2; Rotated Component 2)이다. 그림을 보면, 회전된 제1주성분 축의 방향으로 분포한 개체들은 둘레에 비해 신장이 발달한 개체이고, 제2주성분 축 방향으로 분포한 개체들은 둘레가 발달한 개체임을 알 수 있다.

3장 인자분석모형

일반적으로 인자분석은 이용하는 연구자의 목적에 따라 탐색적(探索的 : Exploratory)인 방법과 확증적(確證的 : Confimatory)인 방법으로 구분 지을 수 있다. 우선 전자가 공통인자와 원래 변수들 간에 내재하는 인과관계를 탐구하는데 그 목적이 있다면, 후자는 공통인자들의 개수나 인자들 간의 관계 등 모형에 관한 구체적 가정들을 실제 자료로부터 지치 내지 부합되는 정도를 통해 평가하는데 그의 초점을 두고 있다.

【인자분석 모형】

인자분석의 모형은 $X' = (X_1, X_2, \cdots, X_n)$가 평균 μ, 공분산행렬 Σ를 갖는 다변량 정규분포를 갖는다고 할 때, 각 변수는 공통인자(Common Factor)로서 $\lambda_1, \lambda_2, \cdots, \lambda_q$와 특정인자(Specific Factor)로서 $\epsilon_1, \epsilon_2, \cdots, \epsilon_p$로 나눌 수 있다.

이를 일반적인 식으로 나타내면 다음과 같다.

$$X - \mu_i = \lambda_{i1}F_1 + \lambda_{i2}F_2 + \cdots + \lambda_{im}F_m + \epsilon_i, \ i = 1, 2, \cdots, p$$

이는 다시 행렬로 다음과 같이 정리할 수 있다.

$$X - \mu = \Lambda F + \epsilon, \ \mu = 0$$

$$\text{단, } \Lambda = (\lambda_{ij}), \ F = (F_1, F_2, \cdots, F_m)', \ \epsilon = (\epsilon_1, \epsilon_2, \cdots, \epsilon_p)'$$

여기서 선형결합에 사용된 가중계수 λ_{ij}를 인자적재(因子積載 : Factor Loading)라고 부르는데, 이는 인자모형에서 고려된 i번째 변수 X_i에 관한 j번째 인자 F_j의 중요성을 나타낸다. 그리고 λ_{ij}들로 구성된 크기 $(p \times n)$의 행렬 $\Lambda = (\lambda_{ij})$는 인자적재행렬, 혹은 인자패턴행렬이라고 한다. 한편 특수인자변수 혹은 유일성 변수(唯一性 變數 : Uniqueness Variable)라고 부르는 확률변수들의 벡터 $\epsilon = (\epsilon_1, \epsilon_2, \cdots, \epsilon_p)'$ 또한 관찰될 수 없는 인자로서 이는 변수들 사이의 공통적인 인과관계에는 기여하지 않고 다만 i번째 변수에만 연관되어 있는 특수요인으로, 관찰오차는 물론 포함되어 있으나 단순히 관찰오차 그 자체만은 아니다. 따라서 통상적인 회귀분석에서와 같이 이들의 가중합 혹은 제곱합 등을 가장 작게 하여 관련된 모수를 추정하는 식의 개념을 직접 도입

할 수 없는 성질을 가졌다고 하겠다. 또한 위의 모형에서 변수들은 인자들의 선형결합으로 표현되어 있어 마치 다변량 회귀분석모형과 흡사하나, 그와의 근본적 차이는 인자들이 관찰될 수 없는 확률변수임을 주시할 필요가 있다.

이와 같은 인자모형은 통계적인 추론과 모형이 가지는 의미를 파악하기 위해 통상적으로 다음과 같은 몇 가지 가정을 상정한 직교인자모형(直交因子模型 : Orthogonal Common Factor Model)을 고려한다.

가정은 다음과 같다.

첫째, $E(F)=0$, $Var(F)=I$로서, F_j들은 서로 독립이며 평균이 0, 분산이 1인 관측 불가능한 확률변수이다.

둘째, $E(\epsilon)=0$, $Var(\epsilon)=\Psi$, Ψ는 대각행렬로서 ϵ_i들은 서로 독립이며 분산이 Ψ인 관측 불가능한 확률변수이다.

셋째, F, ϵ는 서로 독립이다. → $Cov(\epsilon, F)=0$

이제 인자모형 하에서 공분산행렬의 구조와 표현에 대해 알아보도록 하자.

【인자모형 하에서 공분산행렬의 구조와 표현】

1. 공분산행렬의 구조

- 변수벡터X의 공분산행렬
  $Var(X)=\Sigma=\Lambda\Lambda'+\Psi$
  X_i의 분산은 $Var(X_i)=\sigma_{ii}=\ \{\lambda_{i1}^2+\lambda_{i2}^2+\cdots+\lambda_{im}^2\}\ +\psi_i$ 이다.
- 유일성(Uniqueness) 또는 특수 분산(Specific Variance)
  ψ_i은 i번째 변수의 분산(σ_{ii})중 m개의 인자로 설명되지 않는 부분
- 공통분산(Common Variance) 또는 공통성(Communality)
  공분산행렬의 { } 부분을 X_i의 공통성 혹은 공통분산이라 한다.
- 변수X_i와 변수X_k의 공분산

$$Cov(X_i, X_k)=\lambda_{i1}\lambda_{j1}+\lambda_{i2}+\lambda_{j2}+\cdots+\lambda_{im}\lambda_{km}\ \ ,\ i\neq j$$

2. 변수와 인자의 공분산

- 벡터 X와 인자 F의 공분산행렬
  $Cov(X, F) = \Lambda$, 변수 X_i와 인자 F_j의 공분산은
  $Cov(X_i, F_j) = \lambda_{ij}$가 된다.

여기서 λ_{ij}를 인자적재(Factor Loading)라고 한다. 공통성은 특정변수의 모든 인자적재량을 제곱하여 합한 값이라는 것을 알 수 있다. 반면에 특정인자의 설명정도를 나타내는 고유값(Eigenvalue)은 특정 인자에 대해 모든 변수의 인자적재량을 제곱하여 합한 값이다.

【인자적재(패턴)행렬의 비유일성】

행렬 T를 $(m \times m)$ 직교행렬(즉, $TT' = I$)이라고 하면 인자분석 모형은 일반성의 상실 없이 $\mu = 0$이라 놓았을 때,

$$
\begin{aligned}
X &= \Lambda F + \epsilon \\
&= \Lambda (TT') F + \epsilon \\
&= (\Lambda T)(T' F) + \epsilon \\
&= \Lambda^* F^* + \epsilon
\end{aligned}
$$

과 같이 된다. 이는 직교행렬 T에 따라서 변수벡터 X는 다양하게 표현될 수 있다는 것을 의미한다. 따라서 이는 인자의 수를 고정시킨 상태에서 인자적재행렬을 인자에 대한 개념상 해석이 단순하고 의미 있는 구조로 변경시키기 위한 방법으로 인자의 회전(Rotation)을 생각할 수 있음을 의미한다.

4장 인자의 수

인자분석에 있어 무엇보다도 중요한 문제 중 하나는 인자의 수에 대한 판정기준을 정하여 인자의 수를 결정하는 것이다. 또한 인자분석의 궁극적인 목적은 p 차원의 변수벡터를 정보의 손실을 최소화시키는 $m(\leq p)$차원의 인자로 축약시키고자 하는 것이다. 즉,

$$\begin{aligned} \Sigma &= \Lambda\Lambda' + \Psi \\ &\simeq \Lambda\Lambda' \end{aligned}$$

가 되는 $F_1, F_2, \cdots, F_m$을 구하자는 것이다.

1. j번째 인자의 공헌도

전체분산 중 j번째 인자에 의해서 설명되는 비율은 다음과 같다.

$$\frac{\lambda_j}{\sum_{i=1}^{p} \lambda_i}$$

여기서, $\lambda_1 \geq \lambda_2 \geq \cdots \geq \lambda_p$는 Σ의 고유값(Eigenvalue)이다.

2. m개 인자의 공헌도

표본공분산행렬 또는 표본상관행렬로부터 구한 m번째 인자까지의 공헌도의 누적합계를 m개 인자에 의한 공헌도라고 한다.

3. 인자의 수에 대한 판정

- 인자의 공헌도가 전체분산의 80% 이상 되는 인자의 수를 선택한다.
- Kaiser의 규칙

  표본상관행렬의 고유값(Characteristic Value)의 값을 구하여 1보다 큰 고유값의 수만큼을 인자의 수로 정한다.
- Scree Plot에 의한 방법

  표본상관행렬 또는 표본공분산행렬의 고유값을 크기가 큰 순서대로 나열한 $\lambda_1 \geq \lambda_2 \geq \cdots \geq \lambda_p$을 2차원 상의 좌표 (i, λ_i), $i = 1, 2, \cdots, p$로 나타낸 그림(이를 Scree Plot라 부른다)을 이용한다. 일반적으로 이와 같은 Scree Plot 은 특정의 i 지점부터 평평한 지점을 이루게 되며, 이 때 적절한 인자의 수는 $m = i - 1$로 결정한다.
- χ^2 – 검정에 의한 방법

  변수들이 근사적으로 정규분포를 따를 경우 사용할 수 있는 방법이다.

5장 인자 회전

쉽게 설명하기 위해 인자가 2개 있는 모형을 생각하기로 하자. 즉, 인자모형, 인자적재행렬, 인자벡터는 각각 다음과 같다.

$$X = \Lambda F + \epsilon, \quad L = \begin{pmatrix} \lambda_{11} & \lambda_{12} \\ \lambda_{21} & \lambda_{22} \\ \vdots & \vdots \\ \lambda_{p1} & \lambda_{p2} \end{pmatrix}, \quad F = \begin{pmatrix} F_1 \\ F_2 \end{pmatrix}$$

로 나타내자. 그리고 2×2 직교행렬

$$P = \begin{pmatrix} \cos\theta & \sin\theta \\ -\sin\theta & \cos\theta \end{pmatrix}$$

를 생각하기로 함. 쉽게 $P'P = I$, $PP' = I$임을 확인할 수 있을 것인데, 이 행렬은 2차원 평면상에서 직교회전(Orthogonal Rotation)과 관련이 있다. 그런데

$$X = \Lambda F + \epsilon = \Lambda(P'P)F + \epsilon = (\Lambda P')(PF) + \epsilon = \Lambda^* F^* + \epsilon$$

으로 표현됨을 알 수 있다.

$$F^* = \begin{pmatrix} F_1^* \\ F_2^* \end{pmatrix} = \begin{pmatrix} \cos\theta & \sin\theta \\ -\sin\theta & \cos\theta \end{pmatrix}\begin{pmatrix} F_1 \\ F_2 \end{pmatrix} = \begin{pmatrix} \cos\theta\, F_1 & \sin\theta\, F_2 \\ -\sin\theta\, F_1 & \cos\theta\, F_2 \end{pmatrix}$$

이므로 $E(F^*) = \begin{pmatrix} 0 \\ 0 \end{pmatrix}$, $Var(F^*) = \begin{pmatrix} 1 & 0 \\ 0 & 1 \end{pmatrix}$이다. 따라서 앞선 모형식 표현에서

$$X^* = \Lambda^* F^* + \epsilon, \; L^* = \begin{pmatrix} \lambda_{11}^* & \lambda_{12}^* \\ \lambda_{21}^* & \lambda_{22}^* \\ \vdots & \vdots \\ \lambda_{p1}^* & \lambda_{p2}^* \end{pmatrix}, \; F^* = \begin{pmatrix} F_1^* \\ F_2^* \end{pmatrix}$$

와 동등하다. 이것은 인자적재행렬 Λ를 마음대로 직교변환(회전)하여 단순한 패턴의 Λ^*가 되도록 조작해도 상관이 없음을 의미한다. 공통성(Communality)도 직교회전에

의하여 영향을 받지 않음은 당연하다. 직교회전 방법으로 대표적인 것은 배리맥스 회전과 쿼티맥스 회전인데, 이 중 JMP에서 제공하는 인자 회전은 직교회전인 VARIMAX 회전이다.

1. 배리맥스 회전(Varimax Rotation)

$$\max \sum_{k=1}^{m} \sum_{j=1}^{p} (\lambda_{jk}^2 - \lambda_{.k}^2)^2 / p$$

$$\text{단, } \sum_{k=1}^{m} \lambda_{jk}^2 \ : \text{Constant} \ , \ j = 1, 2, \cdots, p$$

배리맥스 방법은 인자적재행렬의 열내 제곱 적재값들의 분산을 최대화한다. 그럼으로써 인자적재행렬의 열 요소가 0 또는 ±1에 가까운 값으로 단순하게 된다. 이것은 각 인자가 최소수의 변수에 걸리도록 되는 결과를 초래한다.

2. 쿼티매스 회전(Quartimax Rotation)

$$\max \sum_{j=1}^{p} \sum_{k=1}^{m} (\lambda_{jk}^2 - \lambda_{j.}^2)^2 / m$$

$$\text{단, } \sum_{k=1}^{m} \lambda_{jk}^2 \ : \text{Constant} \ , \ j = 1, 2, \cdots, p$$

쿼티맥스 방법은 인자적재행렬의 행내 제곱 적재값들의 분산을 최대화한다. 그럼으로써 인자적재행렬의 행 요소가 0 또는 ±1에 가까운 값으로 단순하게 된다. 이것은 각 변수가 최소수의 인자에 걸리도록 되는 결과를 초래한다.

지금까지 인자의 회전 중 직교회전을 살펴보았는데 직교회전 방법 외에 사교회전(斜交回轉 : Oblique Rotation)이라는 것도 있다. 이 방법은 F_1, F_2, …, F_m간 상관을 허용한다. 사교회전 방법중 대표적인 방법은 프로맥스 회전(Promax Rotation)이다.

6장 인자 점수 추정

인자모형은 변수 $X_1,\ X_2,\ \cdots,\ X_p$를 인자 $F_1,\ F_2,\ \cdots,\ F_m$으로 표현한 것이다. 이에 대한 역으로 $F_1,\ F_2,\ \cdots,\ F_m$을 $X_1,\ X_2,\ \cdots,\ X_p$로 표현할 수 있는데 그것을 인자점수(Factor Score)라고 한다. 인자점수는 곧 관찰할 수 없는, 혹은 가설적인 인자를 추정한 값을 말한다. 사실 앞에서 규정한 바와 같이 인자는 하나의 확률변수로 고려되었으므로 인자점수는 모형에 따른 확률적 인자에 대한 예측값의 의미를 지닌다. 그러나 이 값은 인자적재행렬의 비유일성에 따라 일반적으로 유일하지 않게 된다. 이와 같은 인자의 점수를 얻기 위해서는 회귀적 방법, 특수분산을 최소로 하는 가중회귀방법, 높은 인자적재를 가지는 변수들의 값을 단순히 합하는 방법 등 여러 가지가 있으나, 여기에서는 일반적으로 많이 이용되는 첫 두 가지 방법만을 설명하기로 한다.

1. 회귀적 방법

이는 Thomson(1951)에 의해 제안된 방법으로 인자점수를 관찰된 변수들의 값으로부터의 회귀적 방법(Regression Method)에 의해 추정하고자 한다. 우선 p개 변수들의 벡터 X가 m-인자분석모형 하에서 그의 분산은 $\Sigma = \Lambda\Lambda' + \Psi$이나 $P(=\sigma_{ij}) = \Lambda\Lambda' + \Psi$와 같은 기본적 표현을 가지게 되고, m개의 원소로 구성된 인자벡터 F는 위의 모형이 직교성을 가지고 있다면 인자들의 공분산행렬이 I_m(1이 m개인 항등행렬)이 되므로 (X, F)의 공분산행렬은 다음과 같이 될 것이다.

$$Cov(X,\ F) = \begin{pmatrix} Var(X) & Cov(X,\ F') \\ Cov(F,\ X' & Var(F) \end{pmatrix} = \begin{pmatrix} \Lambda\Lambda' + \Psi & \Lambda \\ \Lambda' & I_m \end{pmatrix}$$

이 방법은 (X, F)가 위의 공분산행렬을 가진 $(p+m)$-차원 다변량정규분포에 따르고 있다는 가정 하에서, X에 과한 F의 회귀인, $E(F|X)$를 고려하여 모든 개체에 대한 인자점수를 다음과 같은 공식을 통해 계산하게 된다.

$$F^0 = X^0(R^{-1}\hat{\Lambda})$$

여기서 $(R^{-1}\hat{\Lambda})$을 인자점수계수행렬이라 부르며, 이 행렬을 표준화된 자료행렬 X^0

의 오른쪽에서 곱하여 표준화된 인자점수행렬 F^0를 계산하게 되는데, 이는 곧 X에 과한 F의 다변량회귀에서의 회귀계수행렬이 된다.

2. Bartlett의 가중회귀적 방법

이 방법은 표본의 변이를 염두에 두고 인자분석모형의 적합도를 검토하는데, 특수인자의 분산을 유사오차(Quasi-error)로 간주할 경우 $Var(\epsilon)=\Psi$이고, 이 Ψ의 대각원소는 서로 다르므로 일반적으로 큰 확률적 오차를 가지는 변수에 작은 가중값을 주는 통상적인 가중회귀의 논리를 이용하고 있다. 즉, Bartlett(1937)은 다음과 같은 가중오차의 제곱의 합을 최소로 하는 인자점수를 제안하였다.

$$(X-\hat{\Lambda}F)'\widehat{\Psi^{-1}}(X-\hat{\Lambda}F)$$

단, 여기서 $\hat{\Psi}$은 Ψ의 (최대우도)추정량이다.

이 때 이 방법은 유사오차의 분산의 역수를 각 인자의 가중값으로 하는 다음과 같은 공식을 통해 각 개체별 인자의 점수를 계산한다.

$$F^0=X^0\left[\widehat{\Psi^{-1}}\,\hat{\Lambda}(\hat{\Lambda}'\hat{\Psi}\hat{\Lambda})\right]$$

여기에서 인자점수계수행렬은 $\left[\widehat{\Psi^{-1}}\,\hat{\Lambda}(\hat{\Lambda}'\hat{\Psi}\hat{\Lambda})\right]$이다.

이제 예제를 통하여 인자점수를 구하고 인자점수 Plot을 그려보도록 하자. 자료는 특정 단어군의 언어적 특성을 연구하기 위하여 텍스트 분석을 한 결과인데, 5,000단어의 텍스트 12종에서 발견된 인칭대명사류, 예컨대 'I', 'he', 'you', 'they', 'she'의 출현빈도에 관한 것이다.

인자 점수 플롯을 그리기 위하여 다음과 같이 <u>Spinning Plot</u>을 그려보자.

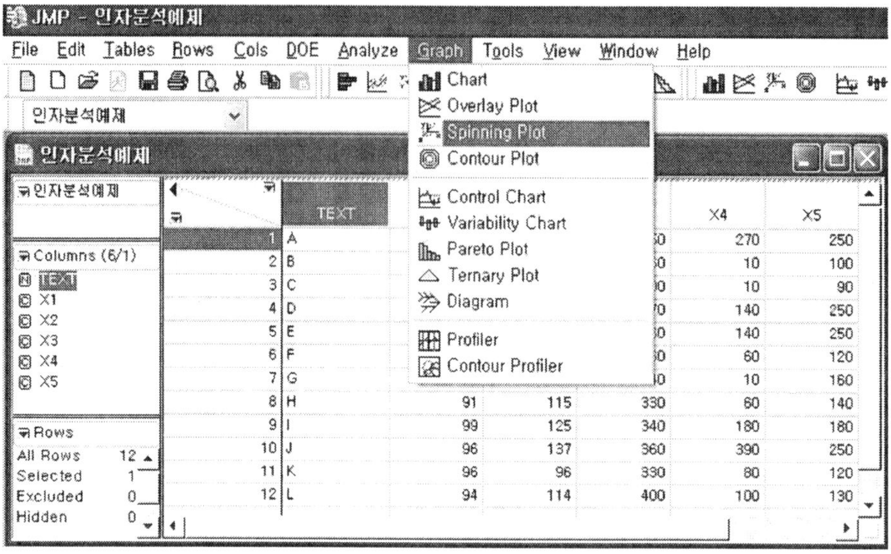

≪그림 2.11≫ 분석 자료 및 분석방법 선택

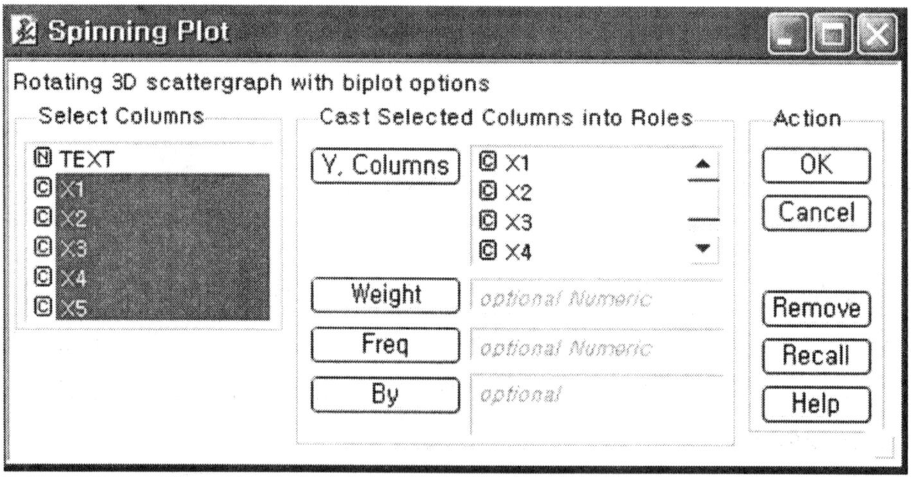

≪그림 2.12≫ 분석변수 선택

위와 같이 변수를 선택한 후 OK를 누르면 각 개체를 X, Y, Z 축에 따라 그린 플롯이 생성된다.

이제 인자를 회전시켜서, 회전된 인자 축에 따라 인자점수를 표시해 보자. 메뉴 상단의 Spinning Plot을 클릭하여 Rotated Components를 선택하면 아래와 같이 회전

인자의 수를 지정하는 새로운 메뉴창이 생긴다. 회전시킬 인자의 수를 2개로 지정한다.

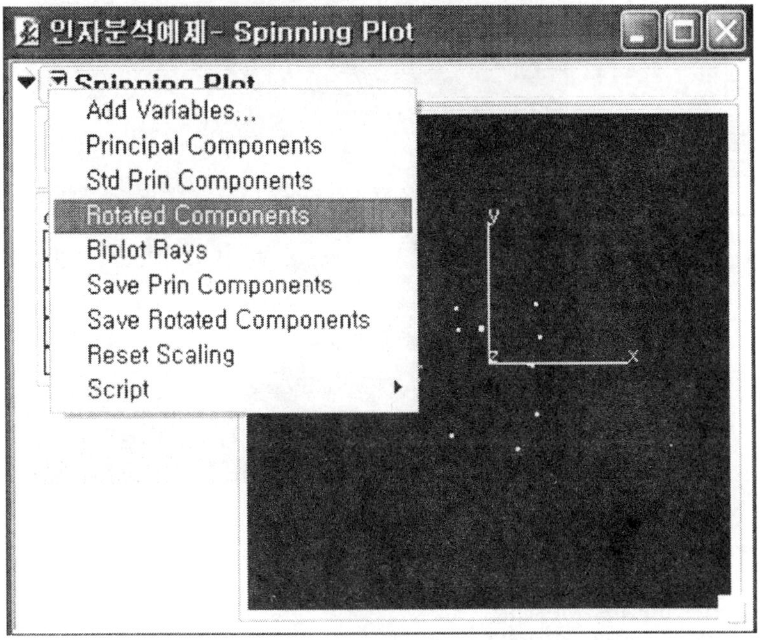

≪그림 2.13≫ 인자 회전

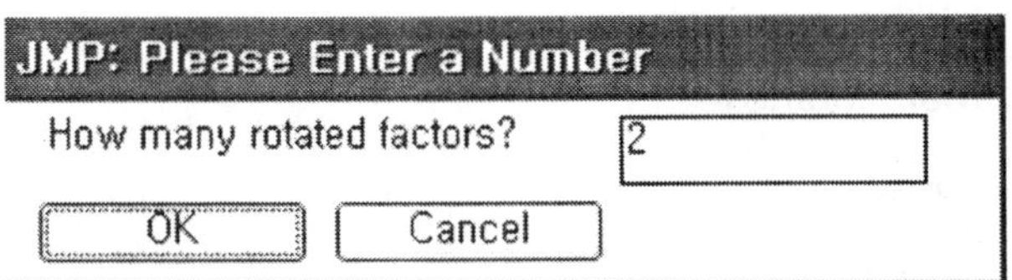

≪그림 2.14≫ 회전 인자 수 지정

그러면 다음과 같이 회전된 인자 결과를 볼 수 있다. 본 자료는 2개의 새로운 인자로 전체 데이터의 약 93.4%를 설명하고 있으므로 새로운 인자가 잘 생성되었다고 볼 수 있다.

한편, Factor Rotation을 보면, 변수 X2, X4, X5는 첫 번째 인자로 설명되고, 변수 X1와 X3는 두 번째 인자로 설명되고 있음을 확인할 수 있다. 즉 I와 You를 지칭하는 1, 2인칭 대명사는 하나의 인자로 묶이고, she, he, they의 3인칭 대명사가 나머지 하나의 인자로 묶이는 것을 확인할 수 있다.

Spinning Plot

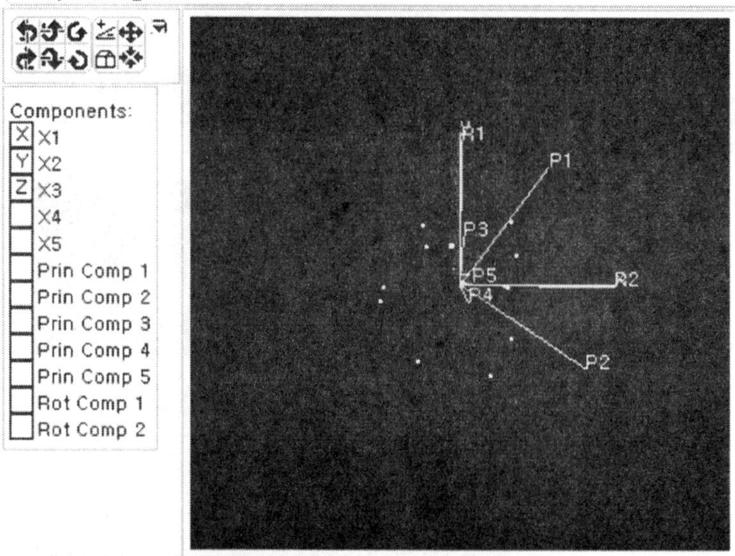

Principal Components

Factor Rotation

Rotated Factor Pattern

X1	0.016025	0.993765
X2	0.940759	-0.008817
X3	0.137021	0.980067
X4	0.824806	0.447137
X5	0.968227	-0.006050

Rotation Matrix

0.82069	0.57137
-0.57137	0.82069

Communalities

X1	0.98783
X2	0.88511
X3	0.97931
X4	0.88024
X5	0.93750

Std Score Coefs

X1	-0.090519	0.483889
X2	0.392328	-0.096311
X3	-0.038830	0.465365
X4	0.299487	0.137764
X5	0.403487	-0.097645

Variance	Percent	Cum Percent
2.5218	50.437	50.437
2.1481	42.963	93.399

≪그림 2.15≫ 회전된 인자 결과

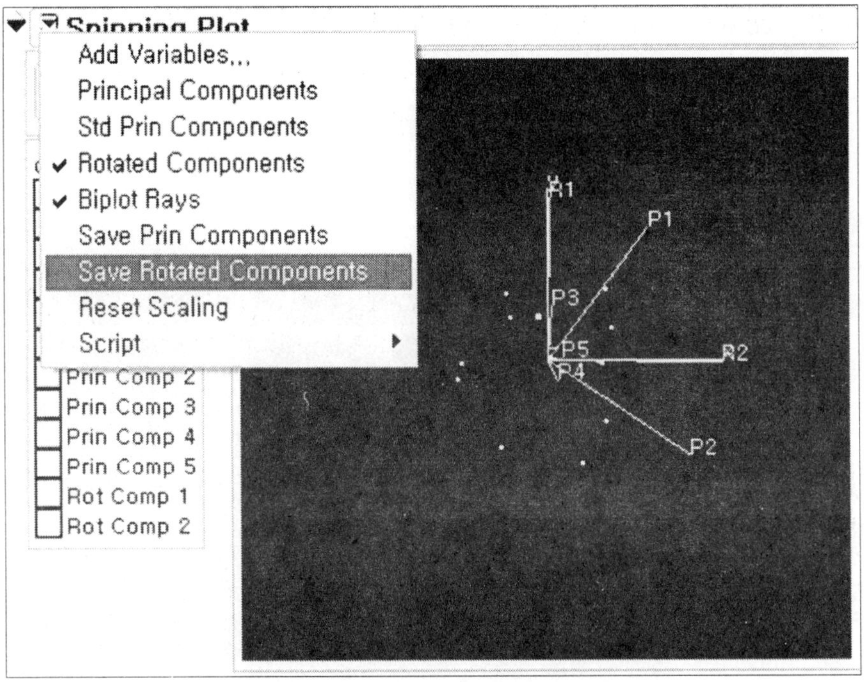

≪그림 2.16≫ 회전된 인자 점수 저장

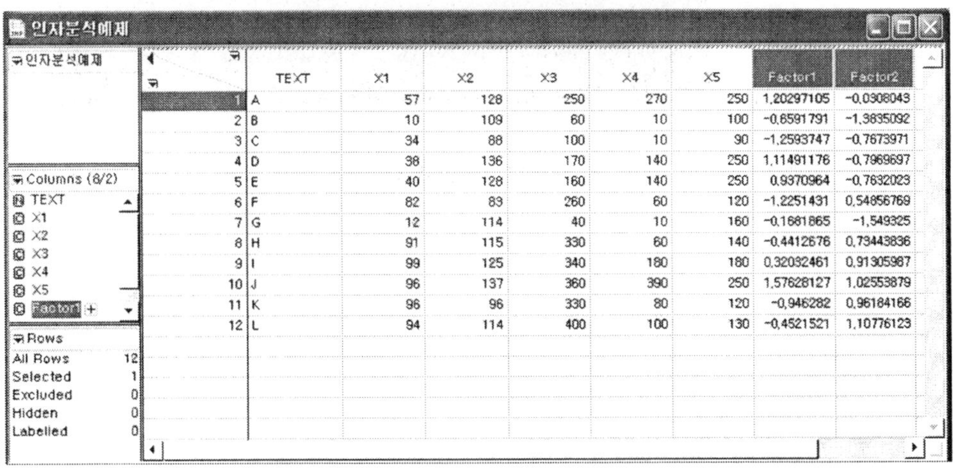

	TEXT	X1	X2	X3	X4	X5	Factor1	Factor2
1	A	57	128	250	270	250	1,20297105	-0,0308043
2	B	10	109	60	10	100	-0,6591791	-1,3835092
3	C	34	88	100	10	90	-1,2593747	-0,7673971
4	D	38	136	170	140	250	1,11491176	-0,7969697
5	E	40	128	160	140	250	0,9370964	-0,7632023
6	F	82	83	260	60	120	-1,2251431	0,54856769
7	G	12	114	40	10	160	-0,1681865	-1,549325
8	H	91	115	330	60	140	-0,4412676	0,73443836
9	I	99	125	340	180	180	0,32032461	0,91305987
10	J	96	137	360	390	250	1,57628127	1,02553879
11	K	96	96	330	80	120	-0,946282	0,96184166
12	L	94	114	400	100	130	-0,4521521	1,10776123

≪그림 2.17≫ 회전된 인자점수

이번엔 각 개체를 회전된 인자 축과 변수에 따라 플롯한 인자점수 플롯을 그려보도록 하겠다. 회전된 인자 축 R1에 가까이 위치한 변수는 X2, X4, X5이고, 회전된 인자 축 R2와 같은 방향으로 위치한 변수는 X1, X3임을 볼 수 있다. 본 플롯은 개체 플롯과 변수플롯을 동시에 표현한 Biplot이므로, 각 개체들이 어느 축의 방향으로 가까이 위치하고 있는지에 따라 개체의 특성을 파악할 수도 있다.

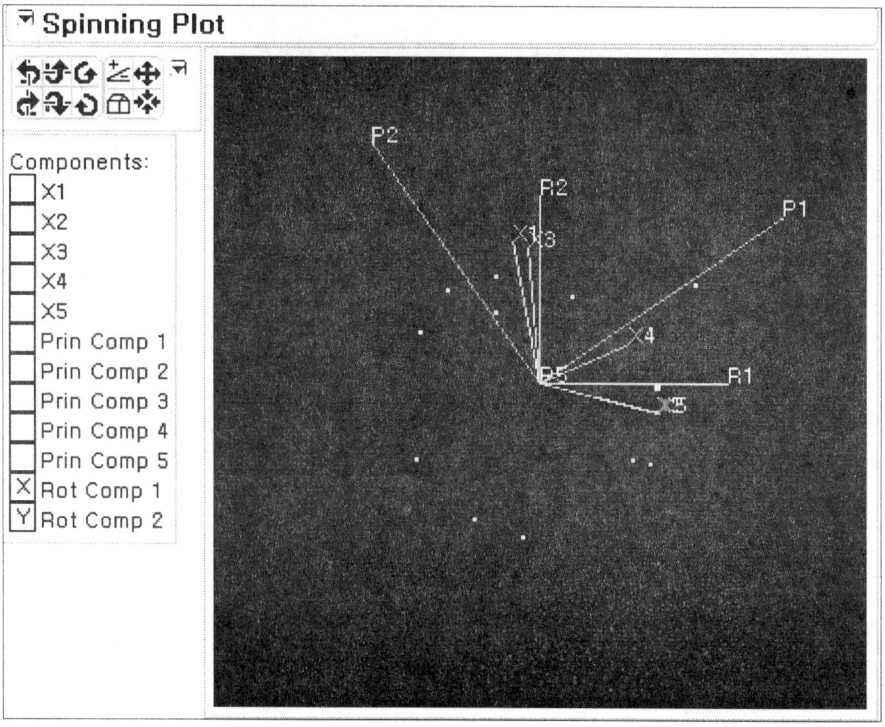

≪그림 2.18≫ 인자점수 플롯

7장 주성분분석과 인자분석의 차이점

① 주성분분석이 시스템에 있는 전체변수를 소수의 몇 개 주성분을 통해 설명하고자 하는 분산중심의 기법이라면, 인자분석은 변수들 간의 상관관계 내지 공분산을 중심으로 하는 기법이다.

② 주성분분석이 단순한 변수들의 선형직교변환에 근거한 수학적 모형이라면, 인자분석은 특수변량이라는 특수한 성격을 가지는 일종의 유사오차를 고려한 통계적 분석모형이다. 단, 변수들의 개수만큼 주성분을 유도한다면, Σ의 스펙트럼(spectral decomposition)를 볼 때, $\Sigma = \Lambda\Lambda'$과 같이 되어 이 경우에는 인자분석 모형에서 오차항(ε)이 필요 없게 된다.

③ 주성분의 분산은 대응되는 공분산행렬(혹은 상관행렬)의 고유값이 되나, 인자분석에서 각 인자의 분산은 각각 1임을 가정하고 있다.

④ 주성분분석에서 주성분점수를 얻는데 이용되는 계수는 Σ의 고유값에 대응되는 고유벡터의 원소이므로 서로 다른 주성분에 대한 주성분계수는 서로 직교할 필요가 없으며, 만약 고유값들이 서로 다르면 그들의 값은 부호까지 유일하다고 할 수 있다. 그러나 인자분석에서 위의 주성분계수와 형식상 유사한 기능을 가지는 인자패턴(적재)행렬 Λ의 원소들은 유일하지도 않으며, Λ의 크기가 $(p \times m)$임으로 일반적으로 그의 역행렬이 존재하지 않으므로, 인자벡터 F를 원래 변수의 항목으로의 표현이 불가능하다.

부 록

I. 다음은 본문의 예제 1 데이터(신체 데이터)에 대해 JMP대신 SAS를 이용하는 경우의 주성분분석 데이터 및 프로그램이다. 다음 페이지에 OUTPUT과 이에 대한 해석을 기술하였다.

【인자분석을 위한 SAS DATASET I】

VIEWTABLE: Spring.B92

	ID	성별	측정일	생년	생월	주성장지	직업	기관명	키	눈높이	어깨높이	목뒷높이	허리높이	팔굽힌 팔꿈치 높이	엉덩이밑높이	손끝높	회음높	대퇴돌기높이
48	48	1	4	85	09	36	01	001	113	101.8	86.6	91.7	64.5	64	45.4	36.3	46.7	52.8
49	49	1	4	86	99	36	01	001	107	99.7	83	88.1	59.9	63.8	44.3	37.9	44.5	51.8
50	50	1	4	86	01	36	01	001	113	102	86.7	91.6	65.1	63.7	47.9	39.4	49.7	55.8
51	51	1	4	85	02	36	01	001	118	108.3	93.7	96.3	69	70.5	49.2	43.4	49.7	59.7
52	52	1	4	85	03	36	01	001	121	109.7	92.6	99.4	70.5	71.4	51.3	40.6	51.6	58.3
53	53	1	4	84	09	36	01	001	117	108	92	96.7	67.1	68.3	47.7	40.5	49.1	55.8
54	54	1	4	84	99	36	01	001	125	111.4	96	102.7	73.2	74.5	52.2	42.8	51.8	60.7
55	55	1	4	84	11	36	01	001	126	114.5	96.5	103.2	74.2	72.3	54.1	44.5	55.1	61.5
56	56	1	4	84	99	36	01	001	124	112.3	97.5	104.3	72.5	74.5	51.4	39.7	51.2	62.1
57	57	1	4	85	02	36	01	001	132	118.6	101.3	109.6	79.9	77.6	59.3	46.1	57.2	63.9
58	58	1	4	84	05	36	01	001	124	112.9	99.3	103.8	72.9	74.7	52.8	45.1	54	63.2
59	59	1	4	83	09	36	01	001	122	110.2	96.6	99.7	73.7	71.7	52.6	40.9	54.5	63.4
60	60	1	4	84	03	36	01	001	121	109.1	96.4	100.6	72.9	71.5	54.3	40.2	54.9	60.6
61	61	1	4	84	04	36	01	001	124	112.3	96	102.7	72.9	72.4	53.4	43	54.6	61.5
62	62	1	4	83	05	36	01	001	137	127.5	111.2	115.5	82.5	82.2	61.9	50.3	63.3	69.4
63	63	1	4	83	10	36	01	001	126	114.3	96.7	104.5	74.6	74.4	73.3	42.7	55	61.7
64	64	1	4	83	11	36	01	001	128	115.5	97.8	104.9	73.8	73.7	53.3	40.3	54.4	62.9
65	65	1	4	83	08	36	01	001	128	114.1	98.9	104.7	75.1	73.7	53.2	45.7	55.1	61.7
66	66	1	4	83	05	36	01	001	131	119	100.7	106.9	77.3	74.8	57.9	41.4	58.3	66.3
67	67	1	4	82	05	36	01	001	123	109.7	94.4	101.9	71.5	70.6	52.3	42.8	53.6	60.2
68	68	1	4	82	07	36	01	001	129	115.8	102.5	107.8	76.1	75.4	57.4	43.1	58.7	63.1
69	69	1	4	82	10	36	01	001	127	114	100	105.5	75.7	74	55.7	45	57.2	62.8
70	70	1	4	82	01	36	01	001	139	127.9	110.2	116.9	82.6	83.6	62.5	51	65.2	69.3
71	71	1	4	83	12	36	01	001	137	126.5	106.1	114.5	83.4	81.2	62.7	48.8	63.4	68.8
72	72	1	4	82	08	36	01	001	134	122.7	105.3	111.1	81.3	77.9	59.1	46.8	58.8	68.4
73	73	1	4	81	04	36	01	001	135	123	106.2	113.3	81	80.8	61.9	48.9	63.8	68.2
74	74	1	4	81	05	36	01	001	142	131.4	113.9	130	87.5	85	66.5	60	68.8	73.9
75	75	1	4	82	02	36	01	001	136	123.7	120.7	112.9	80.5	79.4	60.6	45	63.3	69.9
76	76	1	4	81	11	36	01	001	143	131.5	114	120.7	85.8	85.3	63.4	49.9	66.3	75.5
77	77	1	4	81	06	36	01	001	144	131	114.2	121.8	86.4	83.6	63.1	49.3	65.6	74.7
78	78	1	4	82	03	36	01	001	134	123.5	106.3	111.8	82	80.5	60.4	47.1	62.7	70
79	79	1	4	80	99	36	01	001	132	126.6	105.3	110.6	79.5	76.5	60.1	45.6	61.4	68.7
80	80	1	4	80	11	36	01	001	137	125.5	109.1	116	84.6	79.5	61.1	49.6	65	72
81	81	1	4	80	10	36	01	001	139	129.1	112.1	118.6	85.6	83.8	61.6	51.5	64.5	71.8
82	82	1	4	80	10	36	01	001	141	129.6	112.7	119.6	84.1	83.1	63.7	50.8	65.5	75.1
83	83	1	4	80	08	36	01	001	152	142.8	123.3	130.6	93.7	93.2	69.3	55.8	71.5	80.6
84	84	1	4	80	08	36	01	001	147	136.1	119.1	125.2	88.3	89.4	64.8	56.4	68.2	76.2
85	85	2	4	75	01	36	01	002	161	149	131.2	136.9	96.5	99.9	69.1	61.2	69.8	74.5
86	86	2	4	74	06	36	01	002	164	150.2	134.4	139.7	99.2	99.4	73.7	62.2	74.3	78.6
87	87	2	4	74	10	36	01	002	157	146.3	126.8	134.5	95	93.9	69.2	57.2	70.8	75.1
88	88	2	4	75	03	36	01	002	154	142.7	124	129.9	92.5	90.8	68.8	56.6	70.9	73.7
89	89	2	4	75	01	36	01	002	155	142.5	124.7	130.2	94.7	93.8	68.5	56.7	69.7	74.5
90	90	2	4	74	09	36	01	002	153	142.7	123	129.8	93.6	92.2	66.9	56.6	67.3	74.1
91	91	2	4	73	03	36	01	002	155	143.5	124.6	131.4	96.6	93.4	66.2	55.4	68.2	71.6
92	92	2	4	74	12	31	01	002	150	137.7	119.4	126	90.4	89.9	60.9	53.5	61.9	69.2
93	93	2	4	74	01	36	01	002	157	144.2	125.7	132.5	94.8	94.3	67.8	53.2	69.3	74.8
94	94	2	4	74	05	36	01	002	158	146.3	126.9	134.5	98.6	94.7	69.8	57.6	69.8	73.2

【인자분석을 위한 SAS Program I】

```
DATA BODY;SET B92;
IF AGE<18 THEN DELETE;
KEEP ID SEX AGE X1 X3 X10 X31 X33 X35; RUN;

PROC FACTOR DATA=BODY REORDER NFACTOR=2 SCREE PLOT;
        VAR X1 X3 X10 X31 X33 X35;
RUN;
PROC FACTOR DATA=BODY
                 ROTATE=VARIMAX REORDER NFACTOR=2 PLOT;
        VAR X1 X3 X10 X31 X33 X35;
RUN;
PROC FACTOR DATA=BODY
                 ROTATE=PROMAX REORDER NFACTOR=2 PLOT;
        VAR X1 X3 X10 X31 X33 X35;
RUN;
```

【Output I】

```
              Initial Factor Method: Principal Components

                   Prior Communality Estimates: ONE

    Eigenvalues of the Correlation Matrix: Total = 6  Average = 1

         Eigenvalue    Difference    Proportion    Cumulative
    1    3.35525014    1.45236625        0.5592        0.5592
    2    1.90288389    1.52670918        0.3171        0.8764
    3    0.37617471    0.20434423        0.0627        0.9391
    4    0.17183048    0.02743479        0.0286        0.9677
    5    0.14439569    0.09493060        0.0241        0.9918
    6    0.04946509                      0.0082        1.0000

         2 factors will be retained by the NFACTOR criterion.

                           Factor Pattern

                                     Factor1        Factor2
      X1       키                    0.83880       -0.48944
      X3       어깨높이              0.86321       -0.45257
      X10      대퇴돌기높이          0.74310       -0.57905
      X31      가슴둘레              0.69248        0.63268
      X33      허리둘레              0.70517        0.60131
      X35      엉덩이둘레            0.61443        0.60113

                  Variance Explained by Each Factor

                          Factor1       Factor2
                        3.3552501     1.9028839

        Final Communality Estimates: Total = 5.258134

      X1         X3         X10        X31        X33        X35
   0.943143   0.949952   0.887494   0.879815   0.858845   0.738881
```

위의 출력결과는 어깨높이, 신장, 대퇴돌기높이, 허리둘레, 가슴둘레, 엉덩이둘레로 이루어진 변수들을 인자 2개로 표현한 결과이다. 다음은 고려된 인자분석모형이다.

$$\begin{pmatrix} HT2 \\ HT1 \\ HT3 \\ WD2 \\ WD1 \\ WD3 \end{pmatrix} = \begin{pmatrix} l_{11} & l_{12} \\ l_{21} & l_{22} \\ l_{31} & l_{32} \\ l_{41} & l_{42} \\ l_{51} & l_{52} \\ l_{61} & l_{62} \end{pmatrix} \begin{pmatrix} F_1 \\ F_2 \end{pmatrix} + \begin{pmatrix} e_1 \\ e_2 \\ e_3 \\ e_4 \\ e_5 \\ e_6 \end{pmatrix}$$

고유값은 $\lambda_1 = 3.355$, $\lambda_2 = 1.903$으로 전체 분산의 87.64%를 차지한다.

이는 6개의 변수를 2개의 인자로 표현할 경우 전체분산의 약 87.64%가 설명된다는 것을 의미한다. 이는 다음의 스크리 도표를 통해서도 확인할 수 있다.

【Output I】

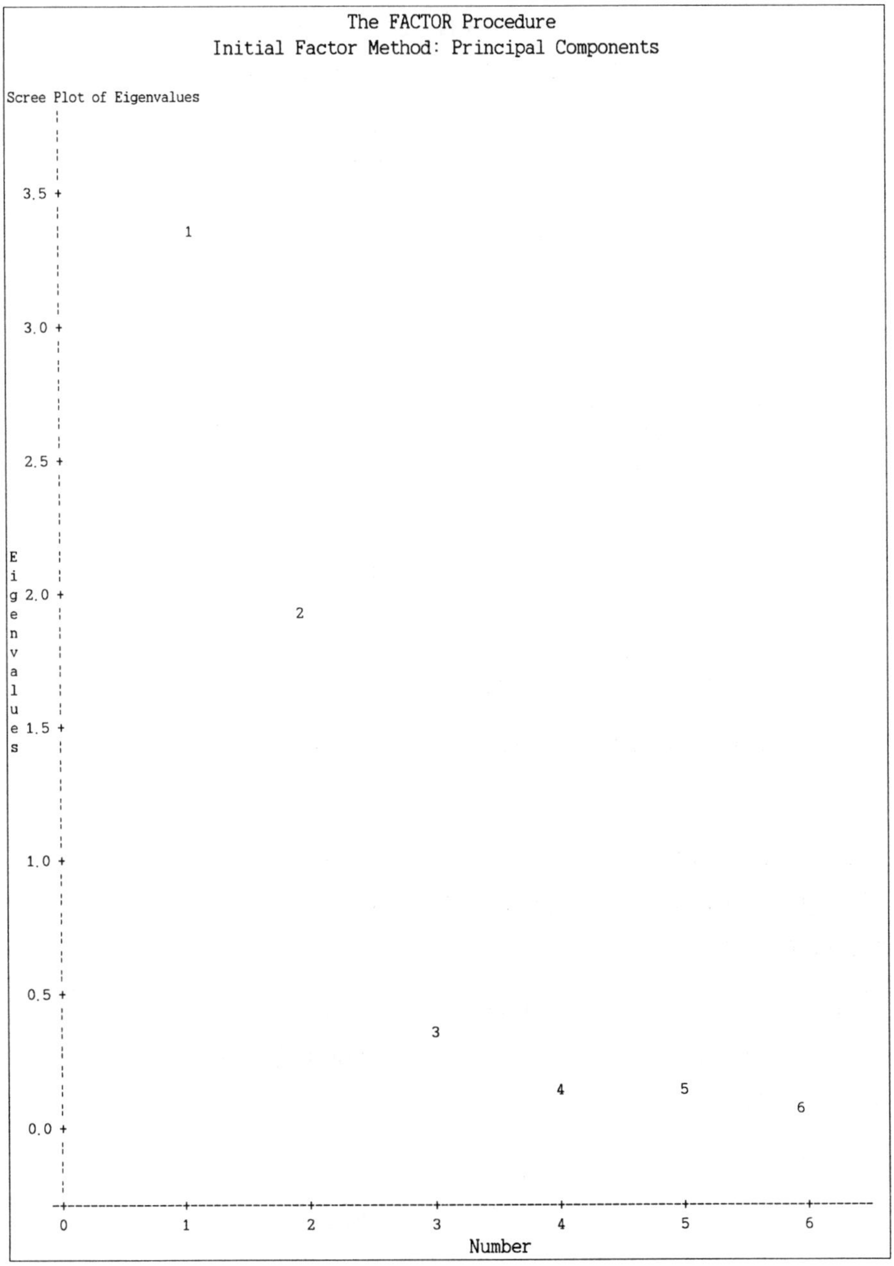

첫 번째 인자에 걸리는 적재를 살펴보면 이는 변수의 전체적인 합계(또는 평균)를 의미하는 인자이고, 두 번째 인자에 걸리는 적재를 살펴보면 이는 신체의 둘레를 나타내는 변수 군과 신체의 길이를 나타내는 변수 군의 차이를 나타내는 인자임을 알 수 있다.

【Output I】

```
                     Rotation Method: Varimax

               Orthogonal Transformation Matrix

                         1             2
            1        0.76746       0.64110
            2       -0.64110       0.76746

                    Rotated Factor Pattern

                                   Factor1        Factor2
      X1      키                   0.95753        0.16214
      X3      어깨높이             0.95262        0.20607
      X10     대퇴돌기높이         0.94153        0.03200
      X31     가슴둘레             0.12584        0.92951
      X33     허리둘레             0.15569        0.91357
      X35     엉덩이둘레           0.08617        0.85525

              Variance Explained by Each Factor

                     Factor1         Factor2
                    2.7583132       2.4998208

        Final Communality Estimates: Total = 5.258134

       X1        X3        X10        X31        X33        X35
   0.943143  0.949952  0.887494  0.879815  0.858841  0.738881
```

다음 결과물은 VARIMAX회전에 대한 SAS Output이다. 위의 출력 결과를 살펴보면 초기의 인자적재행렬을 Varimax 방법(ROTATE=VARIMAX)으로 직교회전 시킨 결과를 나타내고 있다.

그 결과를 보면 첫 번째 인자는 신체의 길이를 나타내는 인자로 정의할 수 있으며, 두 번째 인자는 신체의 둘레를 나타내는 인자로 정의할 수 있다. 또한 직교행렬 T는 다음과 같음을 알 수 있다.

$$T = \begin{pmatrix} 0.76746 & 0.64110 \\ -0.64110 & 0.76746 \end{pmatrix}$$

【Output I】 - 회전 전 Plot

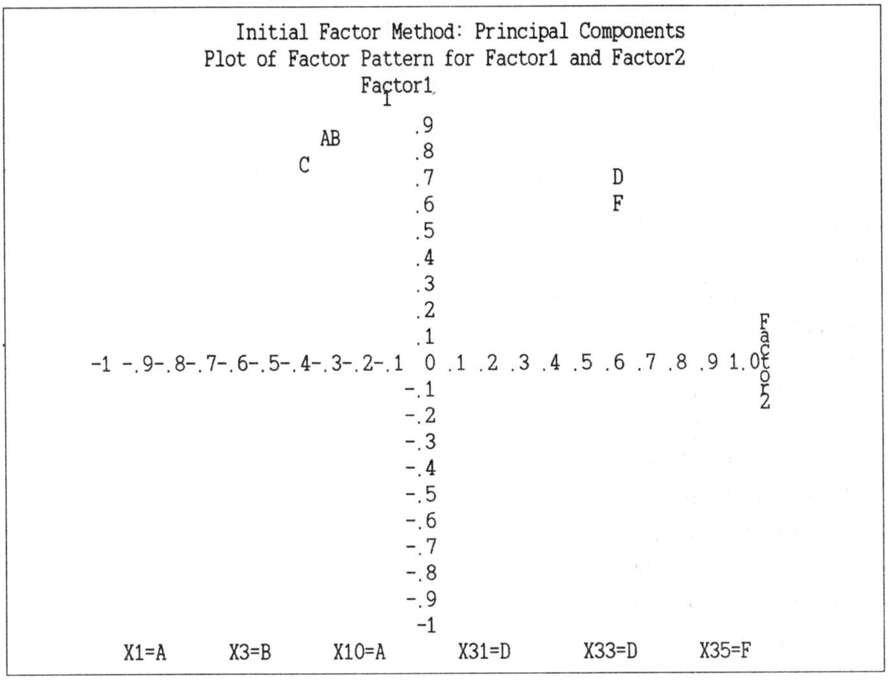

【Output I】 - 회전 후 Plot

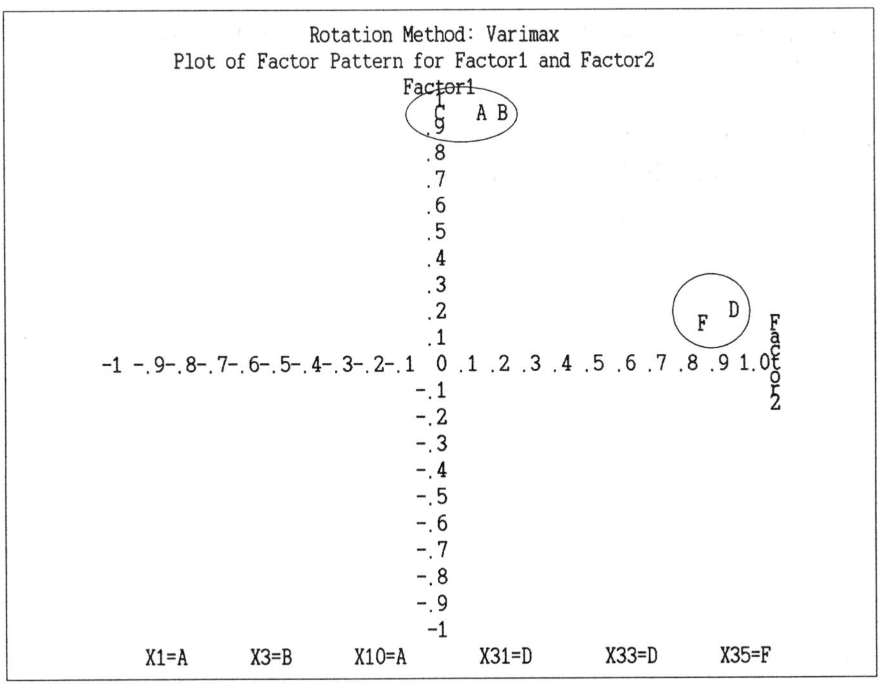

II. 다음은 본문의 예제 2 데이터(텍스트 데이터)에 대해 JMP대신 SAS를 이용하는 경우의 주성분분석 데이터 및 프로그램이다. 다음 페이지에 OUTPUT을 기술하였다. 해석은 예제 1의 OUTPUT해석을 참고하라.

【인자분석을 위한 SAS Program II】

```
OPTIONS LS=80 PS=120;
Data LING;
     Input TEXT $ X1 X2 X3 X4 X5;
Datalines;
A 57 128 250 270 250
B 10 109  60  10 100
C 34  88 100  10  90
D 38 136 170 140 250
E 40 128 160 140 250
F 82  83 260  60 120
G 12 114  40  10 160
H 91 115 330  60 140
I 99 125 340 180 180
J 96 137 360 390 250
K 96  96 330  80  120
L 94 114 400 100 130
;
PROC FACTOR DATA=LING OUT=LINGOUT ROTATE=VARIMAX NFACTORS=2 PLOT;
     VAR X1 X2 X3 X4 X5;
RUN;
PROC PLOT DATA=LINGOUT;
     PLOT FACTOR2*FACTOR1=TEXT/VPOS=20 HPOS=40 VREF=0 HREF=0;
RUN;
```

【Output II】

Orthogonal Transformation Matrix

	1	2
1	0.82069	0.57137
2	-0.57137	0.82069

Rotated Factor Pattern

	Factor1	Factor2
X1	0.01602	0.99377
X2	0.94076	-0.00882
X3	0.13702	0.98007
X4	0.82481	0.44714
X5	0.96823	-0.00605

Variance Explained by Each Factor

Factor1	Factor2
2.5218278	2.1481459

Final Communality Estimates: Total = 4.669974

X1	X2	X3	X4	X5
0.98782629	0.88510555	0.97930583	0.88023562	0.93750041

Obs	TEXT	X1	X2	X3	X4	X5	Factor1	Factor2
1	A	57	128	250	270	250	1.20297	-0.03080
2	B	10	109	60	10	100	-0.65918	-1.38351
3	C	34	88	100	10	90	-1.25937	-0.76740
4	D	38	136	170	140	250	1.11491	-0.79697
5	E	40	128	160	140	250	0.93710	-0.76320
6	F	82	83	260	60	120	-1.22514	0.54857
7	G	12	114	40	10	160	-0.16819	-1.54932
8	H	91	115	330	60	140	-0.44127	0.73444
9	I	99	125	340	180	180	0.32032	0.91306
10	J	96	137	360	390	250	1.57628	1.02554
11	K	96	96	330	80	120	-0.94628	0.96184
12	L	94	114	400	100	130	-0.45215	1.10776

【Output II】

```
       Plot of Factor2*Factor1.  Symbol is value of TEXT.

Factor2  |                   |
         |                   |
      2  +                   |
         |                   |
         |                   |
         |                   |
      1  +          K    L   |  I          J
         |               H   |
         |        F          |
         |                   |
      0  +-------------------+----------A---------
         |                   |
         |                   |
         |        C          |       E D
     -1  +                   |
         |                   |
         |             B   G |
         |                   |
     -2  +                   |
         |                   |
         --+--------+--------+--------+--------+--
          -2       -1        0        1        2

                         Factor1
```

연 습 문 제

1. 다음 자료는 미국의 어느 대학원생들의 5개 과목인 differential geometry, complex analysis, algebra, real analysis, statistics을 시험을 보게 한 후 얻은 점수이다. 이때, Algebra, Real analysis, Statistics는 Open Book으로, Differential geometry와 Complex analysis는 Closed Book으로 시험을 치루게 하였다. 각 과목별 점수가 다음과 같을 때, 이 자료를 이용하여 인자분석을 실시하라.

Number of cases : 25

변수 설명 :

diffgeom : 기하학　　complex : 복소수해석학
algebra : 대수　　reals : 실해석학
statistics : 통계학

The Data :

diffgeom	complex	algebra	reals	statistics
36	58	43	36	37
62	54	50	46	52
31	42	41	40	29
76	78	69	66	81
46	56	52	56	40
12	42	38	38	28
39	46	51	54	41
30	51	54	52	32
22	32	43	28	22
9	40	47	30	24
32	49	54	37	52
40	62	51	40	49
64	75	70	66	63
36	38	58	62	62
24	46	44	55	49
50	50	54	52	51
42	42	52	38	50
2	35	32	22	16
56	53	42	40	32
59	72	70	66	62
28	50	50	42	63
19	46	49	40	30
36	56	56	54	52
54	57	59	62	58
14	35	38	29	20

2. 다음 자료는 신용 카드 사용 시 만족도에 대한 점수를 리커트 5점 척도로 나타낸 것이다. 여기서 고려하는 변수는 가맹점 이용 시 편리성, 현금서비스 수수료, 분실 및 도난/부당사용 등 사고처리, 할부이자, 대출, 연회비이다. 자료를 이용하여 인자분석을 실시하라.

Number of cases : 80

변수 설명 :

Satis1 : 가맹점 이용 시 편리성　　Satis2 : 현금서비스 수수료
Satis3 : 분실 및 도난 등 사고처리　　Satis4 : 할부이자
Satis5 : 대출　　Satis6 : 연회비

The Data :

ID	Satis1	Satis2	Satis3	Satis4	Satis5	Satis6
1	1	3	2	2	2	3
2	2	5	4	3	4	4
3	4	4	4	4	4	4
4	3	3	3	3	3	3
5	1	4	2	4	4	3
6	2	2	1	3	3	3
7	3	5	3	4	4	4
8	2	2	3	4	3	4
9	2	4	4	3	4	3
10	2	5	3	3	4	4
11	2	4	3	3	3	3
12	2	5	2	4	3	3
13	2	4	2	3	3	3
14	2	4	3	4	3	3
15	2	4	3	4	3	4
16	3	3	4	3	4	3
17	3	4	3	3	4	5
18	2	5	4	4	4	4
19	3	5	4	5	4	5
20	2	2	3	4	4	4
21	1	5	3	5	3	3
22	2	4	3	3	3	3
23	1	4	4	4	3	5
24	2	3	3	3	3	4
25	2	5	3	3	3	3
26	2	3	4	3	3	4

27	2	4	3	3	3	3
28	3	3	3	3	3	3
29	2	4	3	4	4	4
30	2	2	4	3	3	5
31	1	4	2	5	3	2
32	2	5	4	4	2	4
33	2	4	4	3	4	3
34	5	3	3	1	1	1
35	3	4	4	3	3	4
36	4	4	3	4	3	5
37	1	4	3	4	3	3
38	2	5	4	3	5	4
39	2	3	4	5	3	4
40	3	5	5	4	4	3
41	3	3	4	4	3	4
42	2	3	3	4	3	3
43	2	4	3	3	3	4
44	2	3	3	3	3	4
45	2	4	3	3	3	3
46	2	2	2	2	2	2
47	2	5	3	2	3	3
48	2	4	3	3	3	5
49	1	3	3	3	3	3
50	1	4	5	4	2	2
51	2	4	3	3	3	4
52	4	4	4	4	3	4
53	3	3	3	4	3	4
54	3	3	2	2	4	3
55	2	4	3	2	3	5
56	2	3	4	3	3	4
57	2	3	5	3	3	5
58	3	4	4	5	4	4
59	2	5	3	4	3	4
60	3	4	3	3	2	4
61	2	4	3	3	3	3
62	3	4	4	4	4	4
63	1	2	4	2	3	3
64	4	4	3	2	3	4
65	2	3	3	4	3	3
66	2	3	3	3	3	3
67	3	4	3	4	3	4
68	3	3	4	4	4	4
69	3	3	4	4	4	4
70	2	3	3	3	3	4
71	3	4	2	4	3	4

72	3	3	4	3	3	5
73	1	5	3	4	4	4
74	2	5	4	4	2	5
75	2	4	3	4	3	3
76	2	3	2	3	3	4
77	3	4	5	3	3	3
78	2	4	3	4	3	5
79	2	4	3	4	3	3
80	2	3	4	3	2	3
81	3	3	3	3	3	3
82	2	4	3	3	3	3
83	3	3	4	3	3	2
84	3	3	4	3	3	3

참 고 문 헌

[1] 김기영, 전명식(2002), 『다변량 통계자료분석』, 서울 : 자유아카데미

[2] 문승호, 신재경(1996), 『다변량 통계해석 입문』, 서울 : 자유아카데미

[3] 최용석(1999), 『행렬도의 이해와 응용』, 부산 : 부산대학교 출판부

[4] 최종후, 김차용 외(2000), 『JMP를 이용한 통계분석』, 서울 : 자유아카데미

[5] 최종후, 전새봄(2005), 『설문조사 - 처음에서 끝까지』, 서울 : 자유아카데미

[6] 허명회(1999), 『사회과학을 위한 다변량 자료분석』, 서울 : 자유아카데미

[7] 허명회 (2003), 『다변량 수량화』, 서울 : 자유아카데미

[8] Akaike, H.(1974), "Factor Analysis and AIC", Pschychometika, 52, 317-332.

[9] Hawkins, D.M(1974), "The Detection of Errors in Multivariate Data Using Principal Components", Journal of the American Statistical Association, 69.

[10] Kaiser, H.F.(1958), "The Varimax criterion for analytic rotation in factor analysis", Psychometrika, 23, 187-200.

[11] SAS Institute(2002), JMP-Introductory Guide, Ver 5, Cary : SAS Institute Inc..

[12] SAS Institute(2002), JMP-Statistics and Graphics Guide, Cary : SAS Institute Inc..

찾아보기

◈ 저자 소개 ◈

최 종 후

고려대학교 이학박사(통계학 전공)
現 : 고려대학교 정보통계학과 교수
통계청 전문위원
E-mail : jhchoi@korea.ac.kr

<주요저서>

고객관계관리(CRM)를 위한 데이터마이닝 방법론(공저), 2006
신용평점모형(공저), 2002
AnswerTree 3.0을 이용한 데이터마이닝 예측 및 활용(공저), 2002
SAS Enterprise Miner를 이용한 데이터마이닝 - 방법론과 활용 - (공저), 2001
SAS Enterprise Miner를 이용한 데이터마이닝 - 기능과 사용법 - (공저), 2000
JMP 길잡이(공저), 2004
JMP를 이용한 상관/회귀분석(공저), 2004
JMP를 이용한 실험자료분석(공저), 2005

전 새 봄

고려대학교 박사수료(통계학 전공)
現 : 고려대학교 통계연구소 연구원
고려대학교 강사
E-mail : alwaysns@korea.ac.kr

<주요저서>

설문조사 - 처음에서 끝까지(공저), 2005

진 서 훈

고려대학교 이학박사(통계학 전공)
삼성 SDS 솔루션컨설팅팀과장
오픈타이드코리아 솔루션컨설팅그룹 차장
국민은행 카드사업부문 CRM 분석 총괄
現 : 현대캐피탈 Cross-Sell 기획팀 차장(분석 총괄)
E-mail : shjing@nate.com

<주요저서>

붓스트랩방법의 이해(공저), 1997
마이크로마케팅의 현장(공저), 2005
데이터마이닝의 현장(공저), 2005

JMP를 이용한

주성분분석/인자분석

2007년 1월 5일 초판 인쇄
2007년 1월 10일 초판 발행

저 자 / 최종후 · 전새봄 · 진서훈
발행자 / 오판근
발행처 / 교우사

주 소 / 서울 동대문구 제기2동 148-19
전 화 / 925-2861, 929-4865
팩 스 / 925-2860
E-mail / kw2861 @ chollian. net
http: // www. kyowoo. co. kr
등록 / 1994. 3. 24 제6-0256호

ISBN 978-89-8172-656-0 (93310)

값 **6,000**원